经管文库·管理类

前沿·学术·经典

工程造价咨询服务的
市场化改革前沿

THE FRONTIER OF MARKET-ORIENTED
REFORM OF ENGINEERING COST
CONSULTING SERVICES

李海凌 郭明琪 杨安琪 著

经济管理出版社
ECONOMY & MANAGEMENT PUBLISHING HOUSE

图书在版编目（CIP）数据

工程造价咨询服务的市场化改革前沿 / 李海凌，郭明琪，杨安琪著 . —北京：经济管理出版社，2023.10

ISBN 978-7-5096-9399-5

Ⅰ.①工…　Ⅱ.①李…　②郭…　③杨…　Ⅲ.①工程造价 – 咨询服务 – 市场改革 – 研究 – 中国　Ⅳ.①TU723.3

中国国家版本馆 CIP 数据核字（2023）第 205635 号

组稿编辑：杨国强
责任编辑：王　洋
责任印制：许　艳
责任校对：蔡晓臻

出版发行：经济管理出版社
　　　　　（北京市海淀区北蜂窝 8 号中雅大厦 A 座 11 层　100038）
网　　　址：www.E-mp.com.cn
电　　话：（010）51915602
印　　刷：唐山玺诚印务有限公司
经　　销：新华书店
开　　本：710 mm × 1000 mm/16
印　　张：15
字　　数：262 千字
版　　次：2024 年 2 月第 1 版　　2024 年 2 月第 1 次印刷
书　　号：ISBN 978-7-5096-9399-5
定　　价：98.00 元

前　言

中华人民共和国住房和城乡建设部办公厅于 2020 年 7 月 24 日发布的《关于印发工程造价改革工作方案的通知》（建办标〔2020〕38 号）决定在一个行业（房地产）、五个省份的国有资金投资的房屋建筑、市政公用工程项目进行工程造价改革试点。该文件将工程造价管理市场化改革再次提上了日程。我国的市场经济改革已有了新的突破，建筑行业市场化配置资源改革逐步深入。工程造价咨询服务面临的市场化改革挑战是全方位的。本书以工程造价咨询服务收费的市场化为切入点，深入讨论工程造价咨询服务收费市场化过程中的困惑及解决方案。

首先，介绍工程造价咨询服务的由来、服务模式、市场化改革下发布的相关行业规定、工程造价专业人才的培养及行业发展现状，对工程造价咨询服务的市场化改革进行了全方位的分析。

其次，论述工程造价咨询服务成本内涵。咨询服务成本是咨询服务收费的主要费用构成，是咨询服务收费最基本的依据和最低的经济界限，工程造价咨询企业在确定咨询服务成本的基础上进行咨询服务收费报价。接着，对工程造价咨询服务成本的构成要素进行了详细的分类定义阐述，为后面的成本测算和参考标准研究做好准备。同时，分析咨询服务的工作因素和咨询服务的环境因素对工程造价咨询服务成本的影响，为后面参考标准的数据差异性做好理论准备。

再次，基于工程造价咨询服务特点的分析和定价理论的论述，通过《工程造价咨询企业服务清单》（CCEA/GC 11–2019）搭建工程造价咨询服务成本、价值与质量之间的桥梁，将工程造价咨询服务收费的形成机制阐述为：咨询服务收费是在控制咨询风险和保证咨询质量的前提下，在咨询服务成本的基础上，考虑利润并予以最终确定。但咨询业务的利润受到地域环境（竞争程度）、咨询委托方管理水平（理解认可咨询服务质量的能力）的影响，是

1

两方主体博弈的结果，属于市场行为。

最后，在明确工程造价咨询服务成本构成的基础上，基于差额定率累进法、人工工日法讨论工程造价咨询服务成本的计算方法。通过对比分析江苏省2020年、浙江省2021年、深圳市2019年、江西省2021年、吉林省2020年、四川省2022年的咨询服务收费指导或成本参考标准，给出差额定率累进法的咨询服务成本参考标准及建议。通过各省份的人工工日参考标准、中国勘察设计协会的工日成本的对比分析确定人工工日法的适用性，再通过问卷调查、实例验证说明人工工日法确定咨询服务成本的可行性，通过中国建设工程造价管理协会发布的《中国工程造价咨询行业发展报告》的人均营业收入及四川省造价工程师协会的测算数据的吻合性确定了工程造价咨询服务收费工日成本单价的参考标准，并对工日成本单价参考标准的应用给出了计算示例及实践建议。

工程造价咨询服务成本与咨询服务收费的研究可以解决造价咨询服务双方的价格认同问题，有利于维持正常的市场秩序，为咨询服务的提供者和接受者提供咨询服务收费和付费的参考，收费机制的完善可以平衡咨询服务双方的利益，保证咨询服务质量，同时让咨询服务收费合理"有价"。咨询委托方重点关注的不再仅是低价的服务，而是优质优价的服务；咨询企业之间的竞争将从资质竞争转向信用竞争，从价格竞争转向价值竞争，从人脉竞争转向实力竞争。收费机制的完善，可以使行业自律由原来的"价格控制"转变成"行为控制"，促进整个行业转型升级早日实现。

本书由西华大学建筑与土木工程学院李海凌、卢永琴主持撰写并审稿，西华大学硕士研究生郭明琪、杨安琪参与了资料收集、审读编辑以及第1章、第2章的编写。

本书的编写得到以下项目的资助：中国建设工程造价管理协会科研项目《工程造价咨询成本构成与咨询定价机制研究》（CCEA-2020-FZB01）、教育部"春晖计划"合作科研项目（HZKY20220579）、四川省哲学社会科学重点研究基地彝族文化研究中心资助项目（YZWH2308）、四川省哲学社会科学重点研究基地——四川革命老区发展研究中心2023年度资助项目（SLQ2023SB-23）、国家民委"一带一路"国别和区域研究中心——日本应急管理研究中心专项资助（RBYJ2021-002）、四川省人文社科重点研究基地"青藏高原经济社会与文化发展研究中心"专项资助（2022QZGYZD002）和西南民族大学中央高校基本科研业务费青藏高原经济社会与文化发展研究中心专项资助（2021PTJS09）。

　　本书在编写过程中引用了一些相关资料和案例，在此对编著者和相关人员深表感谢。特别感谢谢洪学先生、陶学明教授对本书技术路线、方法观点的指导，也感谢西华造价"建设投资与数智造价研究中心"团队的技术支持。

目　录

第 1 章　工程造价咨询服务的渊源

本章介绍了工程造价、工程造价管理、工程造价咨询服务的由来，梳理了英国、美国、日本等发达国家的工程造价咨询服务模式。在市场化改革过程中，我国陆续发布了咨询服务相关规定，设置了多部门、多层次的工程造价管理机构。为推进工程造价咨询服务行业的市场化，取消了工程造价咨询企业资质，以此激发市场活力，加强市场竞争，促进企业发展。放眼发达国家和地区工程造价咨询服务，其早已在科学化、规范化、程序化的轨道上运行，这值得我们学习与思考。未来，"人证合一"的精英人才将成为工程行业"新宠"，企业也将对管理和技术人才的素质提出更高的要求，因此我们应重视工程造价专业人才的培养。

1.1　工程造价咨询服务的由来

1.1.1　工程造价的由来

工程造价是随着社会生产力的发展以及社会经济和管理科学的发展而产生和发展的。从历史发展来看，我国北宋著名建筑学家李诫所著的《营造法式》一书，汇集了北宋以前建筑造价管理技术的精华。该书中的"料例"和"功限"，就是现在所说的"材料消耗定额"和"劳动消耗定额"，因此《营造法式》是人类采用定额进行工程造价管理最早的明文规定和文字记录之一。

现代工程造价源自资本主义社会化大生产的出现，最先产生于现代工业发展最早的英国。16~18世纪，技术发展促使大批工业厂房的兴建，许多农民在失去土地后向城市集中，需要大量住房，从而使建筑业得到发展，设计和施工逐步分离为独立的专业。工程数量增加和工程规模的扩大要求有专人对已完成工程量进行测量、计算工料和估价。从事这些工作的人员逐步专业化，并被称为工料测量师。他们以工匠小组的名义与工程委托人和建筑商洽商，估算和确定工程价款。工程造价由此产生。

工程造价是随着工程建设的发展和经济体制改革而日臻完善的。这个发展过程可归纳如下：①从事后算账发展到事先算账。从最初只是事后被动地反映已完工程量的价格，逐步发展到在开工前进行工程量的事前计算和估价，进而发展到在初步设计时提出概算，在可行性研究时提出投资估算，成为业主做出投资决策的重要依据。②从被动地反映设计和施工发展到能动地影响设计和施工，最初负责施工阶段工程造价的确定和结算，以后逐步发展到在设计阶段、投资决策阶段对工程造价做出预测，并对设计和施工过程投资的支出进行监督和控制，进行工程建设全过程的造价控制和管理。③从依附于施工者或建筑师发展成一个独立的专业。如在英国，1868 年英国皇家特许测量师学会（Royal Institution of Chartered Surveyors，RICS）成立，有统一的业务职称评定和职业守则，标志着工程造价专业正式诞生。不少高等院校开设了工程造价专业，培养专门人才。

工程造价涉及国民经济各部门、各行业，以及社会再生产的各个环节，也直接关系到人们的生活、居住条件，所以它的作用范围广、影响程度大，主要有以下五点：

（1）项目决策的依据。

建设工程投资大、生产和使用周期长等特点决定了项目决策的重要性。工程造价决定着项目的投资费用。投资者是否有足够的财务能力支付这笔费用，是否认为值得支付这笔费用，是项目决策中要考虑的主要问题。财务能力是一个独立的投资主体必须首先解决的问题。如果建设工程的价格超过投资者的支付能力，就会迫使其放弃拟建的项目；如果项目投资的效果达不到预期目标，其也会自动放弃拟建的项目。因此，在项目决策阶段，建设工程造价就成为项目财务分析和经济评价的重要依据。

（2）制订投资计划和控制投资的依据。

投资计划是按照建设工期、工程进度和建设工程价格等逐年分月制订的。正确的投资计划有助于合理和有效地使用资金。

工程造价在控制投资方面的作用非常明显。工程造价是经过多次预估，最终通过竣工决算确定下来的。每一次预估的过程就是对造价的控制过程；

而每一次估算都是对下一次估算造价的严格控制，具体来讲，每一次估算都不能超过前一次估算的一定幅度。这种控制是在投资者财务能力的限度内为取得既定的投资效益所必需的。建设工程造价对投资的控制也表现在利用制定各类定额、标准和参数，对建设工程造价的计算依据进行控制方面。在市场经济利益风险机制的作用下，造价对投资的控制作用成为投资的内部约束机制。

（3）筹集建设资金的依据。

投资体制的改革和市场经济的建立，要求项目的投资者必须有很强的筹资能力，以保证工程建设有充足的资金供应。工程造价基本决定了建设资金的需要量，从而为筹集资金提供了比较准确的依据。当建设资金来源于金融机构的贷款时，金融机构在对项目的偿贷能力进行评估的基础上，也需要依据工程造价来确定给予投资者的贷款数额。

（4）评价投资效果的重要指标。

工程造价是一个多层次的造价体系。就一个工程项目来说，它既是建设项目的总造价，又包含单项工程的造价和单位工程的造价，同时也包含单位生产能力的造价，或单位建筑面积的造价等，所有这些使工程造价自身形成了一个指标体系。它能够为评价投资效果提供多种评价指标，并能够形成新的价格信息，为今后类似项目的投资提供参考。

（5）合理进行利益分配和调节产业结构的手段。

工程造价，涉及国民经济各部门和企业间的利益分配。在市场经济条件下，工程造价受供求状况的影响，并在围绕价值的波动中实现对建设规模、产业结构和利益分配的调节，特别是在政府正确的宏观调控和价格政策导向指导下，工程造价在这方面的作用会充分发挥出来。

1.1.2　工程造价管理的由来

工程造价管理是综合运用管理学、经济学和工程技术等方面的知识和技能，对工程造价进行预测、计划、控制、核算、分析和评价的过程。

我国工程造价管理的发展历程，最早可以追溯到商朝。根据文字形成发展历史，商朝时期"工"字已经存在，指的是一种官吏，负责管理工匠。周朝设掌管营造工作的"司空"。春秋战国时期的《考工记》记载了关于工匠进行劳动力预算的事迹，是现存关于工程造价预算以及控制的最早记录之一。著作《辑古算经》编于唐代，其中记载了从唐朝开始应用标准设计，用"功"

3

称呼施工定额。北宋著作《营造法式》也有关于"料例"、"功限"的记载，即指劳动定额以及材料使用定额；《营造法式》中收集了丰富的工匠施工经验，极大地发挥了其对工程控制的作用，影响深远，直至明清还在沿用。元朝广泛使用减柱法以节约木材、扩大空间。明朝著作《鲁班经》总结了我国古代南方民间建筑的丰富经验，曾在江南民间广泛流传，有着深远的影响。清朝时期的《工程做法则例》，对建筑的模数以及材料提出标准，对很多有关工料的计算方法都进行了具体说明。这些例子都表明，由于建筑活动消耗巨大，我国古代对提高建筑经济效益的问题已经有所重视。但是，历史的局限性也同样存在于这种工程造价管理思想之中。

中华人民共和国成立后，我国参照苏联的工程建设管理经验，根据"量价合一"的原则进行概预算编制，逐步建立了一套与计划经济体制相适应的定额管理体系，并陆续颁布了多项规章制度和定额，建立健全了概预算工作制度，确立了概预算在基本建设工作中的地位，同时对概预算的编制原则、内容、方法，以及审批、修正办法、程序等做了规定，实行以集中管理为主的分级管理原则，在国民经济的复苏与发展中起到了十分重要的作用。

20世纪60年代中期至70年代中期，概预算制度受到严重破坏，许多资料以及机构都不复存在。随着改革开放的深入，国家经济不断发展，投资效益越来越得到重视，逐步形成了有利于工程造价管理制度重新建立的良好环境。

1980年后的一段时间，基本建设体系巨变，投资的资金、主体以及渠道等都朝着多元化发展，设计、施工的相关单位也开始自主经营。1983年，国家计划委员会基本建设标准定额局成立，主要负责工程概预算定额、费用标准等的相关工作。中国工程建设概算预算定额委员会于1985年成立，之后发展成为中国建设工程造价管理协会。众多工程造价管理人员逐渐认知了全过程工程造价管理概念，这对建筑业的发展产生了重要影响。

20世纪90年代之后，机遇和挑战不断冲击着工程造价管理领域。许多工程造价管理研究者和工作者进行了大胆的探索，许多新概念不断被提出，如"合理确定，有效控制"等。随后，定额管理的方式被改变，人工、材料、机械等消耗量得到控制，加快了企业经营机制的转换，增强了企业的竞争力。

工程管理的相关制度逐步确立，同时，一些新的业务开始涌现，如项目融资等。这就需要一批新的人才，可以同时掌握工程计量与计价，并熟知经济法与工程造价管理，以应对时势的变化。由于国际经济逐渐实现一体化，通晓国际惯例的人员储备成为客观需求。在这种形势下，通过认真准备和组织论证，从中华人民共和国人事部、建设部于 1996 年发布《造价工程师执业资格制度暂行规定》、于 1998 年发布《关于实施造价工程师执业资格考试有关问题的通知》开始，既有我国特点又向国际惯例靠拢的注册造价工程师制度逐步建立，极大地促进了该专业的发展，使这门学科逐渐成为一个完整而又独立的体系。

1997~2000 年，我国的工程造价管理改革进一步深化。一方面是对工程中的政府和非政府投资进行区别管理；另一方面是为发展建立适合当时国情的工程计价依据，计量单位、工程量计算以及项目划分寻求统一规则；逐步践行工程量清单报价制度，并建立相关的规章制度。完善国家宏观调控机制，不断加强建筑企业的经营与成本管理，充分建立具有中国特色的相关管理体制，即"宏观调控，市场竞争，合同定价，依法结算"。自 1997 年起，国家相继出台了《中华人民共和国价格法》《中华人民共和国招标投标法》等一系列法律法规，促进了工程造价等方面的发展，同时也促生了众多新课题。

2000 年，建设部发布《工程造价咨询单位管理办法》（建设部令第 74 号）和《造价工程师注册管理办法》（建设部令第 75 号），为工程造价咨询单位及其相关工作的高效快速发展提供了有力的保障，也规范了建设市场的秩序。这些规章实际上已说明了工程造价管理的特殊性。2001 年，我国正式加入世界贸易组织（WTO），这对提高工程造价管理的总体水平、与国际惯例接轨、加快工程造价管理市场化进程产生了很大的推动作用。工程造价管理改革有利于工程造价咨询市场的不断规范化，促进了造价咨询专业责任制度和造价工程师签字制度的建立。2006 年，建设部发布《工程造价咨询企业管理办法》（建设部令第 149 号），与 2000 年的《工程造价咨询单位管理办法》有所不同，《工程造价咨询企业管理办法》加强了造价咨询企业的管理，使造价咨询工作的质量得到了提升，建设市场的秩序以及社会的公共利益得到了一定的保障。

我国建设工程计价模式经历了以下四个阶段的变革：第一阶段，从中华人民共和国成立初期到 20 世纪 50 年代中期，是无统一预算定额与单价情况下的工程造价计价模式，这一时期主要是通过设计图计算出的工程量来确定工程造价；第二阶段，从 20 世纪 50 年代末期到 90 年代初期，是在政府统一预算定额与单价情况下，结合设计图计算出的工程量来确定工程造价，这种计价模式基本属于政府决定造价，这一阶段延续的时间最长，并且影响最为深远；第三阶段，从 20 世纪 90 年代至 2003 年，这段时间造价管理沿袭了以前的造价管理方法，同时随着我国社会主义市场经济的发展，建设部对传统的预算定额计价模式提出了"控制量，放开价，引入竞争"的基本改革思路；第四阶段，自 2003 年至今，住房和城乡建设部陆续颁布了《建设工程工程量清单计价规范》（GB 50500–2003）、《建设工程工程量清单计价规范》（GB 50500–2008）以及现行的《建设工程工程量清单计价规范》（GB 50500–2013），计价规范的实施有利于发挥企业自主报价的能力，实现了由政府定价到市场定价的转变，也有利于我国工程造价管理政府职能的改变，它的出现促进了我国建筑市场向更加健康的方向发展。

工程造价管理的基本内容就是合理确定和有效控制工程造价。

1.1.2.1　工程造价的合理确定

（1）工程项目策划阶段：基于不同的投资方案进行投资估算及经济评价，按照有关规定编制和审核的最终方案的投资估算，经有关部门批准，即可作为拟建工程项目的控制造价。

（2）工程设计阶段：在限额设计、优化设计方案的基础上编制和审核工程概算、施工图预算。对于政府投资工程而言，经有关部门批准的工程概算，将作为拟建工程项目造价的最高限额。

（3）工程发承包阶段：进行招采策划，编制和审核工程量清单、招标控制价或标底，直至确定承包合同价。承包合同价是以经济合同形式确定的建安工程造价。承发包双方应严格履行合同，使造价控制在承包合同以内。

（4）工程施工阶段：按照承包方实际完成的工程量，以合同价为基础，同时考虑因物价风险引起的造价调整，考虑设计中难以预料的而在实施阶段实际发生的工程变更和费用，合理确认工程结算价。

（5）工程竣工验收阶段：全面总结在工程建设过程中实际花费的全部费用，编制竣工决算，如实体现该建设工程的实际造价。

1.1.2.2　工程造价的有效控制

在建设程序的各个阶段，采用一定的方法和措施把工程造价的发生控制在合理的范围和核定的造价限额以内即为工程造价控制。工程造价控制需要随时纠正发生的偏差，以保证造价控制目标的实现，以求在建设项目中合理使用人力、物力和财力，取得较好的投资效益。具体来说，就是用投资估算价控制设计方案的选择和初步设计概算造价；用概算造价控制技术设计和修正概算造价；用概算造价或修正概算造价控制施工图设计和施工图预算。

（1）以设计阶段为重点的建设全过程造价控制。

工程造价控制应贯穿于项目建设的全过程，但是各阶段工作对造价的影响程度是不同的。影响工程造价最大的阶段是投资决策和设计阶段，在项目做出投资决策后，控制工程造价的关键就在于设计阶段。有资料显示，至初步设计结束，影响工程造价的程度从 95% 下降到 75%；至技术设计结束，影响工程造价的程度从 75% 下降到 35%；至施工图设计阶段，影响工程造价的程度从 35% 下降到 10%；而至施工开始，通过技术组织措施节约工程造价的可能性只有 5%~10%。因此，在设计阶段，需要通过多方案的技术经济比较及限额设计能动地影响设计，有效地控制造价。

（2）主动控制。

传统决策理论是建立在绝对的逻辑基础上的一种封闭式决策模型，它把人看作具有绝对理性的"理性的人"或"经济人"，在决策时，会本能地遵循最优化原则（即取影响目标的各种因素的最有利的值）来选择实施方案。由美国经济学家西蒙首创的现代决策理论的核心则是"令人满意"准则。他认为，由于人的头脑能够思考和解答问题的容量同问题本身规模相比是渺小的，因此在现实世界里，要采取客观合理的举动，哪怕接近客观合理性，也是很困难的。因此，对决策人来说，最优化决策几乎是不可能的。西蒙提出了用"令人满意"这个词来代替"最优比"，他认为决策人在决策时，可先对各种客观因素、执行人据以采取的可能行动以及这些行动的可能后果加以综合研究，并确定一套切合实际的衡量准则。如某一可行方案符合这种衡量准则，并能达到预期的目标，这一方案便是满意的方案，可以采纳；否则应对原衡量准则作适当的修改，继续挑选。

一般来说，造价工程师的基本任务是合理确定并采取有效措施控制建设工程造价，为此，应根据业主的要求及建设的客观条件进行综合研究，实事求是地确定一套切合实际的衡量准则。只要造价控制的方案符合这套衡量准则，取得令人满意的结果，就应该说造价控制达到了预期的目标。

长期以来，人们一直把"控制"理解为目标值与实际值的比较，以及当实际值偏离目标值时，分析其产生偏差的原因，并确定下一步的对策。在工程项目建设全过程进行这样的工程造价控制当然是有意义的，但问题在于，这种立足于调查—分析—决策基础之上的偏离—纠偏—再偏离—再纠偏的控制方法，只能发现偏离，不能使已产生的偏离消失，也不能预防可能发生的偏离，因而只能说是被动控制。自20世纪70年代初开始，人们将系统论和控制论研究成果用于项目管理后，将"控制"立足于事先主动地采取决策措施，以尽可能地减少以至避免目标值与实际值的偏离，这是主动的、积极的控制方法，因此被称为主动控制。也就是说，工程造价控制，不仅要反映投资决策，反映设计、发包和施工，更要能动地影响投资决策，影响设计、发包和施工，主动地控制工程造价。

（3）技术与经济相结合。

技术与经济相结合是控制工程造价最有效的手段。需要以提高工程造价效益为目的，在工程建设过程中把技术与经济有机结合，通过技术比较、经济分析和效果评价，正确处理技术先进与经济合理两者之间的对立统一关系，力求在技术先进条件下的经济合理、在经济合理基础上的技术先进，把控制工程造价观念渗透到各项设计和施工技术措施之中，从组织、技术、经济等方面采取措施。从组织上采取的措施，包括明确项目组织结构，明确造价控制者及其任务，明确管理职能分工；从技术上采取的措施，包括重视设计多方案选择，严格审查监督初步设计、技术设计、施工图设计、施工组织设计，深入技术领域研究节约投资的可能；从经济上采取的措施，包括动态地比较造价的计划值和实际值，严格审核各项费用支出，采取对节约投资的有力奖励措施等。

（4）区分不同投资主体的工程造价控制。

造价管理必须适应投资主体多元化的要求，区分政府性投资项目和社会性投资项目的特点，推行不同的造价管理模式。

1）政府性投资项目。政府投资主要用于关系国家安全和市场不能有效配置资源的经济和社会领域。对于政府性投资项目，需要按照工程项目建设程序的要求，在程序、时限等方面进行投资管理行为的规范，计量计价依据、造价信息及合同约定需要遵循现行的国家标准。

2）社会性投资项目。项目的市场前景、经济效益、资金来源和产品技术方案等均由企业自主决策。在造价确定、发承包方式、合同约定等方面充分发挥市场在资源配置中的决定性作用。

1.1.3　工程造价咨询服务的由来

20 世纪 50 年代至 70 年代，我国的建设工程造价管理制度是政府的计划模式。建设产品价格是通过计划分配建设工程任务而形成的计划价格，概预算定额基价是量价合一的价格。1984 年，建设工程招标制开始施行，建筑工程造价管理体制开始突破传统模式，但形式虽变，内容实质照旧，概预算定额的法定地位没有改变。

20 世纪 80 年代后期，社会主义市场经济得到一定发展，政府逐步放开市场价格，项目承包商与业主之间的利益矛盾开始显现，这就需要一个中立、公正的机构在项目的建设过程中明确工程概预算等造价管控内容，由此产生了工程造价咨询企业。工程造价咨询企业作为中介机构组织，专门为业主、承包商及有关各方提供工程造价控制和管理专业服务。工程造价咨询服务由此开始发展起来。1985 年成立了中国工程建设概算预算定额委员会，1990 年成立了中国建设工程造价管理协会，1996 年国家人事部和建设部确定并行文建立注册造价工程师制度。工程造价管理得到了重视，逐步形成了一个新兴的专业。

我国工程造价咨询业已经经历了 30 多年的发展历程，造价咨询企业通过编制与审查预结算进行造价咨询，施工全过程确定与控制或施工全过程跟踪审计、招标代理与司法鉴定等咨询服务，维护了各方合法权益，为国家和投资者节省了大量投资，提高了投资效益，创造了经济效益和社会效益，安置了一批就业人员，现已发展成为一个不可替代的中介服务行业。

传统工程造价咨询服务的主要内容包括以下内容：

（1）建设项目可行性研究经济评价、投资估算、项目后评价报告的编制和审核；

（2）建设工程概算、预算、结算及竣工结（决）算报告的编制和审核；

（3）工程量清单的编制和审核；

（4）建设工程实施阶段工程招标标底、招标控制价、投标报价的编制和审核；

（5）施工合同价款的变更及索赔费用的计算；

（6）提供工程造价经济纠纷的判定服务；

（7）提供建设工程项目全过程的造价监控与服务；

（8）提供工程造价信息服务等。

目前，国家推行工程总承包（Engineering Procurement Construction，EPC）模式，那么在此基础上会影响到造价咨询服务行业的变化吗？答案是必然的。EPC 工程总承包模式突破了以往传统的承包模式，造价咨询相应地也将随着承包模式的发展而变化。全过程造价咨询将会是 EPC 工程项目中主要采用的造价咨询方式，是对工程建设项目的前期研究和决策以及项目实施和运行的全生命周期提供包含设计和规划在内的项目管理咨询，涉及组织、管理、经济和技术等方面，不仅可以有效降低资金风险，保证投资的安全性，还有利于降低工程成本，保证工期；而且通过对建设资金需求、经济效益和风险的分析，为项目业主提供可靠的信息，有助于业主做出科学的投资决策，提高服务质量。

1.2　发达国家和地区的工程造价咨询服务模式

当今，国际工程造价咨询服务主要包括英国模式、美国模式、日本模式，以及继承了英国模式，又结合自身特点形成的独特工程造价管理模式，如新加坡模式等。以下介绍英国模式、美国模式和日本模式。

1.2.1　英国模式

英国是世界上最早出现工程造价咨询行业并成立相关行业协会的国家。英国的工程造价管理至今已有近 400 年的历史。在世界近代工程造价管理的发展史上，英国由于其工程造价管理发展较早，且其联邦成员国和地区分布较广，因而其工程造价管理模式在世界范围内具有较强的影响力。

英国建设主管部门的工作重点是制定有关政策和法律，以全面规范工程造价咨询行为。此外，主要有三个造价相关的组织协助政府部门进行行业管理：

（1）历史最为悠久的皇家特许测量师学会（RICS），负责建筑工程量标准计算规则（Standard Method of Measurement，SMM）。

（2）特许土木工程测量师学会（Chartered Institution of Civil Engineering Surveyors，CICES）的商务管理组，与土木工程师学会（Institution of Civil Engineers，ICE）是关联组织，土木工程师学会负责土木工程标准计量方法（Civil Engineering Standard Method of Measurement，CESMM）。

（3）造价工程师协会（Association of Cost Engineers，A Cost E）侧重于工

业领域。

工程造价咨询公司在英国被称为工料测量师行，成立的条件必须符合政府或相关行业学会的有关规定。工料测量师行经营的内容较为广泛，涉及建设工程全寿命期各个阶段，主要包括项目策划咨询、可行性研究、成本计划和控制、市场行情的趋势预测；招投标活动及施工合同管理；建筑采购、招标文件编制；投标书分析与评价，标后谈判，合同文件准备；工程施工阶段成本控制，财务报表，洽商变更；竣工工程估价、决算，合同索赔保护；成本重新估计；对承包商破产或并购后的应对措施；应急合同财务管理，后期物业管理；等等。

在英国，政府投资工程和私人投资工程分别采用不同的工程造价管理方法，但这些工程项目通常都需要聘请工料测量师行进行业务合作。其中，政府投资工程由政府有关部门负责管理，包括计划、采购、建设咨询、实施和维护，对从工程项目立项到竣工的各个环节的工程造价控制都较为严格，遵循政府统一发布的价格指数，通过市场竞争，形成工程造价。目前，英国政府投资工程约占整个国家公共投资的 50%，其工程造价业务必须委托相应的工料测量师行进行管理。对于私人投资工程，政府通过相关的法律法规对此类工程项目的经营活动进行一定的规范和引导，只要在国家法律允许的范围内，政府一般不予干预。

英国的行业学会对从业人员的管理主要表现在三个方面：一是代表政府对相关从业人员进行资格准入和认可；二是对专业人士教育的介入和管理，包括对高校课程的认证及提供继续教育，从而保证从业人员的技巧、能力和知识的不断更新；三是对整个行业的管理监督，包括制定严格的工作条例和职业道德标准，以及对从业人员的执业行为进行监督控制等。

在英国，对工料测量师的执业资格认可工作是由 RICS 全权负责的。RICS 采用将会员资格和执业资格合二为一的方式进行管理，从业人员要想获得执业资格，必须满足 RICS 的入会标准并经过一定时间的专业实践培训，经考核合格后，成为 RICS 的正式会员，即具有了执业资格，可以独立从事工料测量的各项工作。

RICS 的会员分为不同的等级，其中专业级会员包括资深会员（Fellows）和专业会员（Professional Members）两类，另外还有技术级会员（Technical Members）和荣誉级会员（Honorary Members）。同时还有学生（Student）、实习测量师（Trainee Surveyors）、技术练习生（Trainee Technical）三个相关的非正式会员。

RICS 的会员中，只有专业会员才可以使用特许工料测量师（Certified Quantity Surveyor）的头衔，具有独立的执业资格，可以承揽有关业务，签署有关估算、概算、预算、结算、决算文件；而技术级会员可以使用技术工料测量师（Technical Quantity Surveyor）的头衔，一般是作为特许工料测量师的助手，从事测量工作。学生会员等非正式会员是面向开始学习建筑、土地、房地产或与测量相关课程的学生等相关人士的，这类会员可以自由申请且是免费的。设立学生会员资格是为了给进入这个行业的学生在其职业生涯的开始阶段提供一些帮助，如提供测量专业的最新信息、职业忠告、继续教育（Continuing Professional Development，CPD）的研讨会、工作经验计划、社会和慈善活动以及免费进入学会图书馆等条件。

RICS 对工料测量师的管理主要包括行业规则、资格认可、专业教育、监督服务等方面，具体表现为：参与政府的立法过程，受政府委托组织制定技术标准、规范、合同标准文本，制定颁发专业人士工作条例、职业道德规范；组织专业人士的资格考试，认证专业人士的执业资格；建立、组织与完善专业人士培训体系，制定大学相关专业的教育标准并实行专业课程的认证制度，组织专业人士进行科学研究；管理专业人士的执业行为，为专业人士提供职业技术咨询及专业技术服务，组织学术会议，进行学术交流等继续教育活动。由此可见，英国的 RICS 对从业人员的管理乃至整个建筑工程测量行业的规范和发展，都具有举足轻重的地位。

1.2.2 美国模式

在美国，与英国的工料测量概念对应的是工程造价（Cost Engineering），其专业人士被称为造价工程师（Cost Engineers）。美国对工程造价专业人士管理的特点是政府宏观调控，行业高度自律。

美国拥有世界最为发达的市场经济体系。美国建筑业也十分发达，具有投资多元化与高度现代化、智能化的建筑技术和管理广泛应用相结合的行业特点。美国的工程造价管理是建立在高度发达的自由竞争市场经济基础之上的。

美国的建设工程主要分为政府投资和私人投资两大类，其中私人投资工程占整个建筑业投资总额的60%~70%。美国联邦政府没有主管建筑业的部门，因而也就没有主管工程造价咨询业的专门政府部门，工程造价咨询业完全由行业协会管理。

美国工程造价管理具有以下特点：

（1）完全市场化的工程造价管理模式：在没有全国统一的工程量计算规则和计价依据的情况下，一方面，由各级政府部门制定各自管辖的政府投资工程相应的计价标准；另一方面，承包商需根据自身积累的经验进行报价。同时，工程造价咨询公司依据自身积累的造价数据和市场信息，协助业主和承包商，为工程项目提供全过程、全方位的管理与服务。

（2）具有较完备的法律及信誉保障体系：美国工程造价管理是建立在相关的法律制度基础上的。例如，在建筑行业中对合同的管理十分严格，合同对当事人各方都具有严格的法律制约，即业主、承包商、分包商、提供咨询服务的第三方之间，都必须采用合同的方式开展业务，严格履行相应的权利和义务。同时，美国的工程造价咨询企业自身具有较为完备的合同管理体系和完善的企业信誉管理平台。各企业视自身的业绩和荣誉为企业长期发展的重要条件。

（3）具有较成熟的社会化管理体系：美国的工程造价咨询业主要依靠政府和行业协会的共同管理与监督，实行"小政府、大社会"的行业管理模式。美国相关政府管理机构对整个行业的发展进行宏观调控，更多的具体管理工作主要依靠行业协会，行业协会更多地承担对专业人员和法人团体的监督和管理职能。

（4）拥有现代化管理手段：当今的工程造价管理均需采用先进的计算机技术和现代化的网络信息技术。在美国，信息技术的广泛应用，不但大幅提高了工程项目参与各方之间的沟通、文件传递等的工作效率，也可及时、准确地提供市场信息，还使工程造价咨询公司收集、整理和分析各种复杂、繁多的工程项目数据成为可能。

美国工程造价或成本估算专业人士的资格由行业协会确认并颁发证书。其中，提供执业资格认可的协会主要有两个，即国际全面造价管理促进会（The Association for the Advancement of Cost Engineering International，AACE-I）和成本估算与分析学会（Society of Cost Estimating and Analysis，SCEA）。

AACE-I是美国最大的工程造价工程协会，在工程造价方面提供的认可资质有三种，分别是认可造价工程师（Certified Cost Engineer，CCE）、认可造价咨询师（Certified Cost Consultant，CCC）和预备造价咨询师（Interim Cost Consultant，ICC）。获得认可造价工程师／认可造价咨询师（CCE/CCC）证书即可以证明其具有一名造价工程师所需的专业能力。两种认证的考试内容是一样的，区别仅在于教育背景和工作经验要求：CCE 要求申请者有至少 8 年的相关工作经验，其中 4 年可以由工程学士学位或专业工程师（Professional Engineer，PE）执照来代替，强调的是工程师背景；而 CCC 要求申请人在行业里有至少 8 年的工作经验，其中 4 年可以由相关学科的四年制学位来代替，相关学位包括建筑工程、工程技术、贸易、会计、项目管理、建筑学、计算机科学、数学等。ICC 是在 2000 年设立的，目的是满足年轻的专业人员的需要。他们在事业开始的时候，需要获得外界的认可，获得对其在工程造价和进度计划领域内的知识和技能的肯定，ICC 体系满足了他们的这一需要。只要具备了 4 年与工程造价相关工作或学习的经验，就可以参加 ICC 的资格考试，考试合格即可获得 ICC 的称号。目前，只有 CCE 和 CCC 是经工程与科学专业委员会理事会（The Council of Engineering and Scientific Specialty Boards，CESB）认可的国际公认的造价管理专业人士。

国际全面造价管理促进会（AACE–I）还进行认可造价工程师／认可造价咨询师（CCE/CCC）的再认可制度（Recertification Program），以保持他们作为行业专家的专业知识水平、专业实践水平和专业技术能力。AACE–I 规定 CCE/CCC 认可的有效期为 3 年，3 年后必须由 AACE–I 进行再认可，进行再认可有参加考试或积累学分（至少 15 分）两种方法。AACE–I 认为专业人士的继续教育非常重要，继续教育能够使他们在激烈的竞争中保持优势地位。而 AACE–I 的再认可制度可以被视为一个系统化的继续教育机制，为专业人士提供了持续学习的机会，同时也使他们有机会与同行交流、积累行业专业知识和经验。

具体来讲，成为一名 AACE–I 认可的工程造价专业人工的途径有两种：一种是直接成为 CCE/CCC，这需要有 8 年的相关实践经验；另一种是可以先成为预备造价咨询师（ICC），然后经过 4 年的相关工作，成为一名 CCE/CCC。

美国联邦政府没有主管建设业的政府部门，因而也没有主管工程造价咨询业的政府部门，这意味着造价工程师不属于美国政府注册的专业人士。工程造价咨询业完全由行业学会管理并进行业务指导。但是其在工程建设过程中的作用不可忽视，而且现在越来越多的业主要求从事该专业的人具有认可资格。与我国不同的是，在美国，通常对工程造价咨询单位没有资质的要求，而是注重对执业人员的资格认证。

1.2.3　日本模式

工程积算制度是日本工程造价管理所采用的主要模式。工程造价咨询行业由日本政府建设主管部门和日本建筑积算协会统一进行业务管理和行业指导。其中，政府建设主管部门负责制定、发布工程造价政策、相关法律法规、管理办法，对工程造价咨询业的发展进行宏观调控。

日本建筑积算协会作为全国工程咨询的主要行业协会，其主要的服务范围是：工程造价管理的推进研究，工程量计算标准的编制，建筑成本等相关信息的收集、整理与发布，专业人员的业务培训及个人执业资格准入制度的制定与具体执行等。

工程造价咨询公司在日本被称为工程积算所，主要由建筑积算师组成。日本的工程积算所一般为委托方提供以工程价管理为核心的全方位、全过程的工程咨询服务，其主要业务范围包括工程项目的可行性研究、投资估算、工程量计算、单价调查、工程造价细算、标底编制与审核、招标代理、合同谈判、变更成本积算、工程造价后期控制与评估等。

1.2.4　咨询服务模式的特点分析

随着国际建筑业的发展，发达国家和地区的工程造价咨询服务已在科学化、规范化、程序化的轨道上运行，形成了许多好的国际惯例。英国、美国、日本、意大利等发达国家和地区在工程造价咨询服务中结合本国和本地区的实际情况，建立了科学、严谨的管理制度。各国和地区工程造价咨询服务并无统一的模式，不同的区域有不同的方式和管理形式，但通过比较分析，发达国家和地区工程造价咨询服务有如下四个特点：

（1）利用协会管理体制，强调从业人员的素质。

工程造价管理制度在发达国家和地区发展上百年，随着各国和地区经济的发展而不断成熟，基本形成了政府部门对经济活动干预少、行业高度自律的机制。发达国家工程造价行业为了维护行业的繁荣与秩序，建立了一系列管理协会，利用协会管理机制对从业人员进行管理，提高从业人员的素质。

如英国的 RICS 对从业人员制定了严格的准入资格标准，从学历和专业能力两个方面鉴定从业人员的业务能力，要求从业人员不仅需要拥有一定的学历教育经历，具备运用专业知识解决实际问题的能力，还需要具备组织管理、逻辑思维能力。

（2）提倡全过程造价管理。

由于历史悠久、分工细化、需求多样，美国、西欧以及其他发达国家和地区的工程造价业态呈现出多样化的特点，既有提供全方位或多专业工程造价和管理服务的综合咨询企业，如总部位于美国洛杉矶的跨国集团 AECOM、总部位于荷兰阿姆斯特丹的跨国集团 ARCADIS；也有独立的建筑师事务所、工料测量师行、项目管理公司等。无论是综合咨询企业总体承担项目造价咨询，还是专业造价咨询事务所分别承担，各发达国家工程建设项目造价咨询业务始终沿袭着一个传统，即所有专业服务并非独立开展，而是围绕一个共同目标，统筹策划，各司其职而又高度协同的全过程造价管理。

日本实行的全过程造价管理是指从调查阶段、计划阶段、设计阶段、施工阶段、监理检查阶段、竣工阶段直至保修阶段均严格进行造价管理。造价管理大体分为三个阶段：一是可行性研究阶段，此阶段根据实施项目计划和建设标准，制订开发规模和投资计划，并根据可类比的工程造价及现行市场价格进行调整和控制；二是设计阶段，按可行性研究阶段提出的方案进行设计，编制工程概算，将投资控制在计划之内；三是严格按图纸施工，核算工程量，制订材料供应计划，加强成本控制和施工管理，保证竣工决算价控制在工程预算额度内。

德国的工程建设项目将工程造价管理贯穿管理、质量、进度和成本等方面，不论是政府项目还是私人投资项目，均以科学合理地确定工程造价为基础，实施动态管理、全过程管理，并且要求在实施过程中，各单位必须严格按照投资估算进行，不能随意修改和突破。

英国工程造价的控制贯穿于立项、设计、招标、签约和施工结算等全过程，在既定的投资范围内随阶段性工作的不断深化使工期、质量、造价的预期目标得以实现。工程造价的确定由业主和承包商依据建筑工程量标准计算规则（SMM），并参照政府和各类咨询机构发布的造价指数、价格信息指标等来进行。造价管理内容包括协助投资者选定全寿命费用最低的方案；帮助业主针对工程的具体情况选择好合同方式；在投标人报出价格与费率基础上作出比较分析，选择较合理的标书提供给决策者；在施工合同执行过程中，工料测量师根据成本规划对造价进行动态控制，定期对已发生的费用、工程进度作比较并报告委托人等。

（3）计价依据具有统一性和市场性。

在发达国家和地区中通常采用工程量清单计价的方法。造价管理单位以市场价格为计价基础进行计价，该计价方法与市场经济相适应，能够完整反映市场实际，有利于建筑企业凭借自身实力参与市场竞争，还有利于工程造价的合理确定的计价模式。

在工程量清单计价方法之下，各国一般有一套统一的计价依据，其最大的特点体现在统一性和市场性。

一方面，国外常用的工程计价模式都是一种充分发挥市场主体主动性的计价方式。价格的确定采用"国家间接调控、企业自主确定、市场形成价格"模式。计价纯属市场行为。除了政府会定期公布人工、材料、机械市场价格、各种价格指数、综合指标，宏观调控引导工程计价工作以外，企业自身也有一套计价资料和计价方法。企业主要根据过去的工程造价资料的累积和企业的管理水平、技术水平，自行确定工程造价。以美国为例：美国是典型的市场化价格的国家。联邦政府和地方政府没有统一的工程造价计价依据和标准，工程建设项目的估算、概算，人工、材料和机械消耗定额，并不是由政府部门组织制定的，一般根据积累的工程造价资料，并参考各工程咨询公司有关造价的资料，对各自管辖的政府工程制定相应的计价标准，作为工程费用估算的依据。有关工程造价的工程量计算规则、指标、费用标准等，一般由各专业协会、大型工程咨询公司制定。各地的工程咨询机构，根据本地区的具体特点，制定单位建筑面积的消耗量和基价，作为所管辖项目造价估算的标准。因为这些数据是从实际工程资料的基础上分析、测算而得，所以其科学性、准确性、公正性得到社会的广泛认可和采纳。

另一方面，国外发达国家和地区均有统一的工程量计算规则、统一的实物量及设备清单等计价依据作为统一的标准，这些标准可用来规范业主、承包商双方的计价行为。该计价依据和标准适应市场经济。英国没有类似我国的定额体系，为了保证各工程项目的计算依据的统一性，维护建筑市场的秩序。将皇家特许测量师学会（RICS）组织制定的建筑工程量计算规则（SMM）作为工程量计算规则，成为参与工程建设各方共同遵守的计量、计价的基本规则。此外，英国土木工程师学会（ICE）还编制了适用于大型或复杂工程项目的土木工程标准计量方法（CESMM）。英国政府投资工程从确定投资和控制工程项目规模及计价的需要出发，要求各部门制定经过财政部门认可的各种建设标准和造价指标，这些标准和指标将作为各部门向国家申报投资、控制规划设计、确定工程项目规模和投资的基础，也是审批立项、确定规模和造价限额的依据。

（4）多渠道收集造价信息。

造价信息是建筑产品估价和结算的重要依据，是建筑市场价格变化的指示灯，造价人员确定工程价格的主要依据就是市场价格、政府发布的造价指标、企业的造价资料库等造价信息，所以在先进国家无论是施工企业还是政府机关都十分重视对造价信息的收集、整理、分析，以及已建工程造价资料库的建立。这些完善的造价资料给确定工程造价提供了计价依据和可靠的保证。从某种角度来讲，及时、准确地捕捉建筑市场价格信息是业主和承包商保持竞争优势和取得盈利的关键因素之一。

在英国，有关建筑信息和统计的资料主要由贸工部的建筑市场情报局和国家统计办公室共同负责收集整理并定期出版发行，同时各咨询机构、业主和承包商也非常注重收集整理有关信息和保留历史数据，尤其是将承包商收集和整理的工程造价信息作为其以后投标报价的依据。工程造价信息的发布往往采用价格指数、成本指数的形式，同时对投资建筑面积等信息进行收集发布。

在美国，建筑造价指数一般由一些咨询机构和新闻媒介来编制，在多种建筑造价信息来源中，《工程新闻记录》（Engineering News Record，ENR）的造价指标是比较重要的一种。编制 ENR 造价指数的目的是准确地预测建筑价格，确定工程造价。美国 ENR 造价指数是一个加权总指数，由构件钢材、波特兰水泥、木材和普通劳动力 4 种个体指数组成。ENR 共编制 2 种造价指数，一种是建筑造价指数，另一种是房屋造价指数。这两种指数在计算方法上基本相同，区别仅体现在计算总指数中的劳动力要素上。ENR 指数资料来源于 20 个美国城市和 2 个加拿大城市，ENR 在这些城市中派有信息员，专门负责收集价格资料和信息。ENR 总部则将这些信息员收集到的价格信息和数据汇总，并在每个星期四计算并发布最近的造价指数。

在意大利，公共工程观察中心设置的专业部门会收集各施工企业在建筑施工公告中的工料消耗、材料价格、人工工资、分部分项工程价格等数据。观察中心会根据这些信息对各类型、各级别的工程，按照建设标准、建设实践、建设地区的不同，分别整理、比较，在考虑原材料价格因素的同时，形成资料，比较单项工程造价的高低、功效比，经过统计、比较，形成同类型的造价数据库供全社会使用。

1.3　我国工程造价咨询服务的相关规定

1.3.1　两部部门规章

《工程造价咨询企业管理办法》（中华人民共和国建设部令第 149 号，以下简称 149 号令）自 2006 年 7 月 1 日起施行，并经 2015 年 5 月 4 日、2016 年 9 月 13 日、2020 年 2 月 19 日三次修正。《注册造价工程师管理办法》（中华人民共和国建设部令第 150 号，以下简称 150 号令）自 2007 年 3 月 1 日起施行，并经 2016 年 9 月 13 日、2020 年 2 月 19 日二次修正。两部部门规章自施行以来，对规范工程造价咨询服务行为、加强行业管理发挥了重要作用。

近年来，随着国务院行政审批制度改革不断推进，149 号令、150 号令虽然经过多次修正，但部分条款仍需调整才能适应新的工作需要。主要表现在以下方面：

一是取消工程造价咨询企业资质审批。2021 年 6 月，国务院印发《关于深化"证照分离"改革进一步激发市场主体发展活力的通知》（国发〔2021〕7 号），开展"证照分离"改革，自 7 月 1 日起，停止工程造价咨询企业资质审批，工程造价咨询企业按照其营业执照经营范围开展业务。

二是加强事中事后监管。为贯彻落实"国发〔2021〕7 号文"的要求，需要健全审管衔接机制，做好放管结合，创新监管手段，切实履行监管职责。

三是造价工程师实施分专业、分级别注册和执业。根据住房城乡建设部、交通运输部、水利部、人力资源社会保障部联合印发的《造价工程师职业资格制度规定》（建人〔2018〕67 号），注册造价工程师分为一级、二级两个等级，分为土木建筑工程、安装工程、交通运输工程和水利工程四个专业。造价工程师的注册、执业等条款仍需进一步完善。

1.3.2 两个准则、一个规程

中国建设工程造价管理协会于 2002 年 6 月 18 日发布了造价咨询业的两个准则、一个规程。

①《工程造价咨询单位执业行为准则》。为规范工程造价咨询单位执业行为，保障国家与公众利益，维护公平竞争秩序和各方合法权益，制定了工程造价咨询企业在执业活动中应遵循的执业行为准则。②《造价工程师职业道德行为准则》。为规范造价工程师的职业道德行为，提高企业声誉，制定了造价工程师在执业中应信守的职业道德准则。

《工程造价咨询业务操作指导规程》。为提高工程造价咨询单位的业务管理水平，规范工程造价咨询业务操作程序，明确咨询业务操作人员的工作职责，保证咨询业务的质量和效果，编制了工程造价咨询业务操作指导规程，将工程造价咨询业务划分为准备阶段、实施阶段、终结阶段，明确每个阶段咨询业务的范围、使用对象，原则、程序、咨询服务人员工作职责和工作内容，以及各阶段的造价咨询服务的主要内容。

1.3.3 工程造价管理的组织系统

工程造价管理的组织系统是指履行工程造价管理职能的有机群体。为实现工程造价管理目标而展开有效的组织活动，基于上述工程造价咨询服务的相关规定，我国设置了多部门、多层次的工程造价管理机构，并规定了各机构的管理权限和职责范围。

1.3.3.1 政府行政管理系统

政府行政管理系统是指政府对社会经济活动进行宏观指导，目的是保证社会经济健康、有序和持续发展。

现在我国已经进入增速放缓、经济结构优化，追求发展质量的新时期，在当前和今后一段时间，为保证国民经济发展的持续性及平稳性，必须要充分发挥政府在投资建设特别是基础设施和公益项目建设方面的作用，以法规和行政授权来支撑工程造价管理的法规体系和工程造价管理的标准体系，将过去以红头文件形式发布的规定、方法、规则等以法规和标准的形式加以表现，打造具有中国特色的政府行政管理系统。

同时，坚持工程造价管理市场化改革，在工程发承包计价环节探索引入竞争机制，正确处理政府与市场的关系，通过改进工程计量和计价规则、完善工程计价依据发布机制、加强工程造价数据积累、强化建设单位造价管控责任、严格施工合同履约管理等措施，推行清单计量、市场询价、自主报价、竞争定价的工程计价方式，进一步完善工程造价市场形成机制，促进建筑业转型升级。

政府行政管理系统具体由三大机构进行管理分工：国务院建设行政主管部门的工程造价管理机构，国务院其他部门的工程造价管理机构，省、自治区、直辖市的工程造价管理机构。

（1）国务院建设行政主管部门的工程造价管理机构。

国务院建设行政主管部门的工程造价管理机构的主要职责包括：

组织制定工程造价管理有关法规、制度并组织贯彻实施。国务院建设行政主管部门根据法律、行政法规的规定，在本部门权限范围内制定和发布调整本部门范围内行政管理关系的命令、指示和规章等，如《工程造价咨询企业管理办法》等；组织制定全国统一经济定额和制定、修订本部门经济定额；监督指导全国统一经济定额和本部门经济定额的实施；制定工程造价管理专业技术人员执业资格标准。

（2）国务院其他部门的工程造价管理机构。

国务院其他部门的工程造价管理机构包括水利、水电、铁路、公路等其他行业的造价管理机构。这些造价管理机构主要负责本行业的大型、重点建设项目的概算的审批，并负责编制、修改、解释其所在行业的建设工程的标准定额。

（3）省、自治区、直辖市的工程造价管理机构。

省、自治区、直辖市的工程造价管理机构主要负责解释工程造价从业者关于当地定额标准和计价制度方面的问题，审核国家投资的工程项目招标控制价，处理各种工程造价纠纷及合同纠纷。

除以上职责外，政府主管部门还应加强项目建设实施全过程监管，大力推行项目管理"四制"，即项目法人责任制、招标投标制、工程监理制、合同管理制，形成工程造价全寿命周期的政府行政管理系统。

1.3.3.2　企事业单位管理系统

企事业单位对于工程造价的管理具体到工程实施的每一个阶段之中，在建设工程项目全寿命周期的每个阶段中进行管理。

工程发包企业在决策阶段的管理重点是对投资建设的必要性和可行性进行分析论证，并做出科学的决策，这个阶段的投入虽然少，但对项目效益影响大，前期决策的失误会导致重大的损失。设计阶段是战略决策的具体化，它在很大程度上决定了项目实施的成败及能否高效率地达到预期目标。在施工阶段，进行工程造价的动态管理，在规定的工期、质量要求及费用范围内，按设计要求高效率地实现项目目标。在试运行与竣工验收阶段要注意企业盈利目标的实现。

工程承包单位的造价管理是企业管理中的重要内容。工程承包单位设有专门的职能机构参与企业投标决策，并通过对市场调查研究，利用过去积累的经验，研究报价策略，提出报价；在施工过程中，进行工程造价的动态管理，注意各种调价因素的发生，及时进行工程价款结算，避免收益的流失，以促进企业盈利目标的实现。

监理企业、造价咨询企业受发包企业的委托，对设计和施工单位在承包活动中的行为和责权利进行必要的协调与约束，对建设项目进行投资管理、进度管理、质量管理、信息管理与组织协调，共同组成企事业单位的管理系统。

1.3.3.3 行业协会管理系统

行业协会分为全国性造价管理协会与地方性造价管理协会，是由工程造价咨询企业、注册造价工程师、工程造价管理单位以及与工程造价相关的建设、设计、施工等领域的资深专家、学者自愿组成行业性社会团体，是非营利性社会组织。而行业协会管理系统就是行业协会为了工程造价管理水平能够更好地发展而进行的一系列管理活动形成的系统。

中国建设工程造价管理协会（China Cost Engineering Association，CCEA）是经住建部和民政部批准成立、代表我国建设工程造价管理的全国性行业协会，是亚太区工料测量师协会（The Pacific Association of Quantity Surveyors，PAQS）和国际造价工程联合会（International Cost Engineering Council，ICEC）等相关国际组织的正式成员。

为了加强对各地工程造价咨询工作和造价工程师的行业管理，近年来先后成立了各省、自治区、直辖市所属的地方工程造价管理协会。全国性造价管理协会与地方造价管理协会是平等、协商、相互支持的关系，地方协会接受全国性协会的业务指导，共同促进全国工程造价行业管理水平的整体提升。

1.4　工程造价咨询企业资质的取消

1.4.1　工程造价咨询企业资质取消历程

2019 年 11 月 6 日，在《国务院关于在自由贸易试验区开展"证照分离"改革全覆盖试点的通知》（国发〔2019〕25 号）中提到，在试点区域直接取消工程造价咨询企业甲级、乙级资质的认定。试点区域包括上海、广东、天津、福建、辽宁、浙江、河南、湖北、重庆、四川、陕西、海南、山东、江苏、广西、河北、云南、黑龙江等自由贸易试验区。试点开始时间是 2019 年 12 月 1 日。试点方式是对工程造价咨询企业甲级、乙级资质认定按照直接取消审批的方式分类推进改革。试点具体内容是在政府采购、工程建设项目审批中，不得再对工程造价咨询企业提出资质方面的要求。企业取得营业执照即可自主开展经营。

2019 年 11 月 30 日住建部印发《住房和城乡建设领域自由贸易试验区"证照分离"改革全覆盖试点实施方案》（国发〔2019〕25 号），正式展开试点。对住房和城乡建设领域涉企经营许可事项实行全覆盖清单管理，按照直接取消审批、实行告知承诺、优化审批服务三种方式分类推进改革。

经过一年多时间的试点，2021 年 5 月 19 日国务院印发《关于深化"证照分离"改革进一步激发市场主体发展活力的通知》（国发〔2021〕7 号）发布，自 2021 年 7 月 1 日起，全国范围内直接取消工程造价资质审批。

2021 年 6 月 29 日住建部办公厅发布《关于取消工程造价咨询企业资质审批加强事中事后监管的通知》（以下简称《通知》），自 2021 年 7 月 1 日起，住房和城乡建设主管部门停止工程造价咨询企业资质审批，工程造价咨询企业按照其营业执照经营范围开展业务，行政机关、企事业单位、行业组织不得要求企业提供工程造价咨询企业资质证明。

工程造价咨询资质不再是承接造价咨询业务的必备条件，可以让更多的企业参与工程咨询行业。从工程造价咨询行业的市场发展来看，取消造价咨询资质加剧了行业的竞争，与此同时，也让具备工程造价咨询能力，但无资质的企业在市场竞争中脱颖而出，有利于打破行业壁垒，让造价咨询行业走向更加市场化，有利于工程造价咨询市场的优胜劣汰和健康发展。

取消企业资质是否意味着不具备造价咨询资质的企业可以任意承接造价咨询业务？自《通知》发出后，鉴定机构的造价咨询资质不再是法院审查具备鉴定资格的门槛，但是出具造价鉴定意见的具体经办人，仍然需要一级造价工程师资格。

取消企业资质后，企业不再与证书强关联，而是项目责任和执业人强关联，因此，造价工程师证书的执业价值不会受到影响。通过降低企业门槛，逐步将国内造价行业发展为以事务所为主的形式，与国际并轨，进一步激发市场活力，强化市场竞争。

1.4.2　取消工程造价咨询企业资质审批的实践意义

1.4.2.1　"没有证""不够证"的企业将面临巨大的生存危机

政策的调整将注重资质转变为对注重工程项目本身的监管，证书直接和所有项目挂钩，"没有证""不够证"的工程公司将接不到项目，面临巨大的生存危机。

1.4.2.2　市场缺口进一步扩大

取消对造价企业的资质审批要求，那些单纯用来挂靠的证书将被全面清理，以挂靠为目的考证的人员也将大幅度减少。但工程项目对证书的需求依然存在，市场上的持证人才供不应求，工程项目缺证的现象会变得更加严重。

1.4.2.3　"人证合一"的精英人才将成为工程行业新宠

"证照分离"的改革，意味着人在哪个项目，证也必须在哪个项目，对企业来说，"资质竞争"将全面转变为"人才竞争"，其实也就是公司持证人才数量的竞争。个人资质和能力将更受重视，同时，企业也将对管理和技术人才的素质提出更高的要求。企业是依靠人才来完成业绩积累及利润盈余，推动企业发展的。建立引进来、留得住、"海阔凭鱼跃，天高任鸟飞"的用人机制，是企业以不变应万变的立企兴企之本。

1.4.2.4　证书含金量将变得更高

在不久的将来，全员持证将成为行业新趋势。从业人员为了证明自己、助推事业而大量考证，包含甲方工程管理人员、第三方咨询人员、施工方以及行业监管人员等，考证需求增长，造价师证书也会显得更为紧俏，含金量也会更高。

1.4.2.5　行业自身发展

取消工程造价咨询企业资质，有效降低了企业制度性交易成本，优化了营商环境，激发了市场活力和社会创造力。同时也加剧了市场竞争，不断推动造价企业业务升级，工程造价咨询行业也将进入"拼人才、拼服务、拼实力、拼品牌"的新阶段。

1.5　工程造价专业人才的培养

1.5.1　国外高校工程造价的专业发展

国际上，工程造价高等教育与专业人士执业资格制度是紧密联系在一起的，重视工程咨询行业和市场对人才的需求，有健全的专业协会介入制度，已经形成了与专业人士执业资格制度一体化的高等教育人才培养体系。工程造价的学科教育可以分为两大体系：一是以英国为代表的工料测量（Quantity Surveying，QS）体系，强调成为工料测量师（Quantity Surveyor）的条件之一是必须获得相应的工料测量学历；二是以美国为代表的工程造价（Cost Engineering，CE）体系，强调专业人士执业资格的获得是基于工程技术教育，即想在北美洲获得造价工程师资格，必须首先获得工程师资格或具有工程学历背景，然后参加美国造价工程师协会（Association of the American Cost Engineer，AACE）的资格考试后才可以取得专业资格。QS 教育体系侧重于施工技术、经济、管理、法律和信息交流五个领域。CE 教育体系比较注重工程和技术，对于管理，特别是造价管理方面的教育还不突出。两大体系下的专业人士执业资格都得到了国际公认。两种体系都有较长的发展历史，在专业课程体系的设置上，都实行通过行业协会对高校实施专业课程认可制度，从而保证了专业课程设置和专业领域职业要求的对接。

1.5.1.1　英联邦体系下的工料测量专业

与我国不同（我国高校的专业设置要求与教育部颁布的专业名称和学制年限一致），英国教育系统授予了大学很大的办学自主权，大学可以决定专业名称和相应的学制年限。如英格兰中部大学（University of Central England）建筑环境系，在工程造价领域有 3 个与工程造价相关的专业：建造工程测量、工料测量、建造管理与经营；雷丁大学（University of Reading）建筑管理专业有建造管理、建筑管理、工程测量、工料测量、建筑设施工程设计与管理5种学士学位。

在澳大利亚，昆士兰科技大学（The Queensland University of Technology）、纽卡斯尔大学（The University of Newcastle）、皇家墨尔本理工大学（RMIT University）、悉尼科技大学（University of Technology Sydney）、新南威尔士大学（The University of New South Wales）设有与工程造价相关的专业。昆士兰科技大学设置的与工程造价专业密切相关的课程有工程量计算、建筑经济管理、建筑经济和造价管理等，学生有三种学习方式可以选择：四年全日制学习、四年全日制插班学习和六年业余学习。

新加坡国立大学（National University of Singapore）设计和环境学院建筑系各专业的核心课程有4类：工料测量、建筑及项目管理、建筑经济、建筑总体性能。这些课程又分为必修课、选修课和辅修课，学生在4年中修满145学分才能获得理学学士学位。新加坡国内外的相关专业机构对新加坡国立大学的这些课程予以认可。

以英国为代表的工程造价专业高等教育的主要特点：

（1）学制非常灵活。有全日制3年学习、4年三明治式学习（第1、第2、第4年上课，第3年有薪实习）、业余学习和远程教育4种方法。

（2）模块式教学。如雷丁大学的基础课程和专业课程都设置了不同的模块，每个模块中的课程都非常丰富，可供学生选择。

（3）重视实践环节的教育。设置了大量的实习环节，对专业实习的质量要求也非常严格。

（4）设置大量选修课。为学生的个性化发展创造了很好的条件，学生可按照自己的兴趣发展未来的事业。

1.5.1.2 美国体系下的造价工程专业

在美国，建筑管理专业受工程技术评审委员会（Accreditation Board for Engineering Teaching，ABET）和美国建筑教育委员会（American Council for Construction Education，ACCE）的评估。

ABET评估的是工程类的建筑管理专业，授予的学位是建筑工程管理学士（Construction Engineering and Management，CEM）学位。爱荷华州立大学（Iowa State University）、北卡罗来纳州立大学（North Carolina State University）、北达科他州立大学（North Dakota State University）、普渡大学（Purdue University）、

新墨西哥州立大学（The University of New Mexico）、威斯康星大学麦迪逊分校（University of Wisconsin–Madison）、西密歇根大学（Western Michigan University）等高校的 CEM 专业被 ABET 所承认。该专业的毕业生受到各类型承包商、建筑设计公司、业主的欢迎。毕业生可获得的职位包括：主管，项目经理，市场拓展员，现场成本、进度、设计、安全以及质量控制工程师和业主代表。

ACCE 对非工程类的建筑管理学士学位进行评估。相关专业可隶属于工程学院、建筑、设计、商业或技术学院。美国开设已接受 ACCE 评估的工程管理相关专业的大学有 40 多所。

以美国为代表的工程造价专业高等教育的主要特点：

（1）课程内容涉及建筑工程的各个领域，包括现场管理、工程项目控制、合同管理、工程保险等。相关的其他选修课也非常丰富，包括经济、管理、社会科学、法律、计算机软件等。

（2）注重实践环节。学校为学生提供充足的实践机会，有的甚至提供到国外实习的机会，以提高学生的工程能力。

（3）专业设置与行业协会联系紧密。行业协会评估专业课程体系，对课程体系的形成起指导作用。受专业协会认可的专业，其学生有机会到专业协会实习，表现优秀者还能得到协会的推荐，获得更多、更好的就业机会。

（4）商业及管理类课程，各院校都以会计学和经济学为主。

（5）许多高校重视培养学生的工程安全意识，开设了建筑工程安全管理的课程。

1.5.2　我国高校工程造价的专业发展

1.5.2.1　工程造价专业的历史沿革

我国高等院校工程造价本科专业教育发展的历史可以追溯到 20 世纪 50 年代初期。当时，我国在第一个五年计划期间接受了苏联援建的 156 项工程建设项目，并引进和沿用了苏联建设工程的定额计价方式，该方式属于计划经济的产物。为有效推行计划经济体制下的基本建设管理模式和确保上述援建项目顺利完成，需要培养建筑施工企业工程项目管理专业人才，同济大学于 1956 年创办了"建筑工程经济与组织"专业，同年西安建筑工程学院（现西安建筑科技大学）设置了"建筑工程经济与计划管理"专业，学制五年，这是我国高等教育体系中首次将工程管理设置为独立本科专业。但是鉴于当时国家实行严格的计划经济体制，基本建设领域对该专业毕业生的实际需求量不大，该专业的毕业生多未从事建筑管理工作，而是从事工程概预算及设计、施工等技术工作，这可以认为是我国工程造价专业的雏形。

1978 年以后，由于我国实行改革开放政策与经济体制改革，基本建设投资规模迅速增长，建筑业逐步成为国民经济的支柱产业，对工程管理类专业人才的需求增加，我国部分高等学校相应恢复或新设置了工程管理类专业。

20 世纪 50 年代以来，我国一些高等学校相继设置建筑经济与管理等本科专业，在其课程体系中设置了工程造价课程。

1998 年，教育部对高校本科专业目录进行调整，将原"房地产经营管理""管理工程""国际工程管理""涉外建筑工程营造与管理"合并更名为"工程管理"，下设"房地产经营与管理""投资与工程造价管理""工程项目管理""国际工程承包""物业管理"5 个方向。工程造价管理成为工程管理本科专业的一个重要专业方向。

21 世纪以来，随着我国对工程造价专业人才需求数量的不断增加，工程造价专业教育得到快速发展。2003 年经教育部批准，部分高等学校在《普通高等学校本科专业目录》外独立设置了工程造价本科专业。在 2012 年教育部颁布的《普通高等学校本科专业目录》中，工程造价专业被列入目录。

我国高等学校工程造价专业的历史沿革如图 1-1 所示。

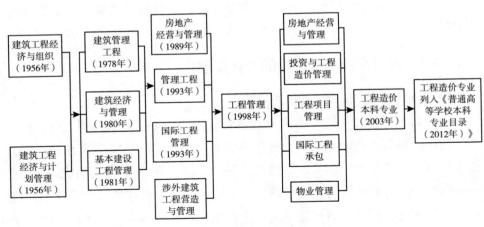

图 1-1　工程造价专业历史沿革

工程管理专业和工程造价专业是有渊源的。目前二者都归属于管理科学与工程一级学科（见图 1-2）。工程造价的确定可视为工程管理的工作范畴，是经济与施工技术相统一的管理过程；而确定合理施工方案也是工程造价的一项内容。因此，二者之间是相互渗透的。

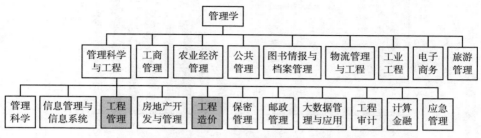

图 1-2　工程造价专业学科归属示意图

1.5.2.2　开设工程造价专业的普通高等学校的数量

近年来，随着建筑业和房地产业的快速发展，对工程造价专业人才的需求量也逐年增加。因此，我国越来越多的普通高等学校开设工程造价专业，培养更多的工程造价专业人才以适应社会发展的需要。截至 2022 年 12 月，开设工程造价专业的本科学校达到 292 所。

由图 1-3 可以看出，2003~2012 年开设该专业学校数量增长速度较慢，10 年间增加了 39 所，平均每年约新增 4 所本科学校开设工程造价专业。从 2013 年开始，开设本科工程造价专业院校的数量增加明显加快，其中 2013 年增加了 52 所，2014 年增加了 46 所，2015 年增加了 32 所，2016 年增加了 39 所，仅这 4 年增加的学校数量就是 2012 年的 4 倍多。2017 年增加了 12 所，2018 年增加了 2 所，2019 年增加了 31 所，2022 年增加了 38 所，呈现出增长趋缓的态势。

截至 2022 年，开设工程造价专业的本科学校在七大地区的分布情况如图 1-4 所示。

由图 1-4 可以看出，就学校数量来看，华东地区最多，比例高达 24.90%；华中地区居第二位，比例达到 19.76%；西南地区居第三位，比例为 18.97%。说明东南部地区工程造价专业人才供应量很大，而西北部地区相对较少；同时说明了东南部地区的建筑行业比西北部发达。随着西北部地区对建筑业产业结构的不断调整，国家对西北部地区经济发展的支持，该地区未来对工程造价人才的需求必然增加，而目前的学校分布情况可能带来区域不匹配的情况，将影响西北部地区的工程造价人才市场的发展。

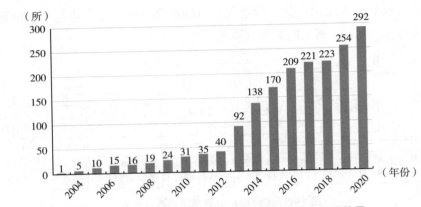

图 1-3　2003~2020 年开设工程造价本科专业学校数量

资料来源：中华人民共和国教育部。

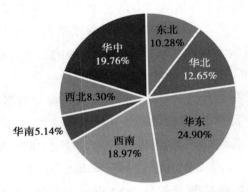

图 1-4　我国开设工程造价专业本科学校在七大地区所占比重

资料来源：①教育部高校招生阳光工程指定平台（指导单位为教育部高校学生司）。
　　　　　②各高校官方网站。

第2章 工程造价咨询服务的
发展现状

工程造价咨询业的发展离不开建筑业的发展。建筑业的发展虽然有所放缓，但是体量依旧很大，国内外仍在大力发展基础设施建设。未来，随着基础设施建设投资的发力，建筑业产值仍会保持良好的上升趋势，因此，工程造价咨询服务的市场也一定会保持良好的需求上涨。

同时，工程造价咨询行业面临着激烈的市场竞争。在激烈的市场竞争环境下，工程造价咨询面对经济转型和新技术的冲击，面临着经济红利过后的各种挑战。

在上述背景下，工程造价咨询服务市场化改革势在必行。随着建筑行业市场化配置资源改革的逐步深入，工程造价咨询服务面临的市场化改革挑战是全方位的，其中就包括工程造价咨询服务收费的市场化。

2.1 建筑业的发展现状

2.1.1 全球建筑业和中国国际工程市场态势分析

从2005年开始，中央加大了中国金融"走出去"的力度，2006年在北京召开了第一次中非峰会，非洲成为中国资金的热土。这个时期是中国经济增长最快的阶段，也是中国外汇增长最快的时期，中国外汇储备从2006年的1万亿美元，增长到了2014年末的近4万亿美元峰值。在此期间，中国诞生了以亚洲基础设施投资银行和丝路基金为代表关注发展中国家经济发展和基础设施开发的几十家新金融机构。也是在此期间，习近平总书记提出了"一带一路"倡议。2007~2017是中国国际工程的黄金十年，也是"一带一路"建设的第一个高峰期，中国资金和中国建设在海外实现了完美结合，主权借款（F）+EPC 是主流模式，融资成为了中国国际工程企业的核心竞争力之一。

中国从事国际工程的黄金十年，我们做了很多过去根本没有机会做的大型和复杂工程，也做了很多在所在国地标性的工程。这个时期没有太强调技术，是我们拥有的完整的工业体系和中国经济的"三驾马车"之一的投资使中国成为"基建狂魔"，有很强的技术实力，而且竞争是在建筑央企几家窗口公司之间形成，在项目所在国获得合同的能力和在中国获得政府和金融机构资金支持的能力是这个阶段的中国国际工程企业的核心竞争力，技术因素也就没能凸显出来。

中国国际工程的黄金十年的结束以 F+EPC 主流模式的结束为主要特征。从更为宏观的角度看，中国国际工程的黄金十年的结束，还有许多特征，一是全球基础设施开发从政府主导进入商业主导时代；二是全球国际工程的生存环境大大恶化，主要表现在苏联解体后这一轮全球化的结束，WTO 几乎陷入瘫痪，各国贸易壁垒再次高筑，中国经济增长进入新常态等；三是新冠肺炎疫情历时之久和影响之大远远超出了人们的预期。所有这些，都深刻地影响全球国际工程市场和中国国际工程市场。我们还需要考虑改变全球建筑业的另外一个重要事件，那就是中美欧日等大国就碳减排达成的一致意见：美欧日承诺 2050 年实现碳中和，中国承诺 2060 年实现碳中和。

2020 年 6 月麦肯锡研究报告 *The next normal in construction* 预言建筑业正在被颠覆，正在进入下一个常态。麦肯锡认为：①建筑业是世界上最大的产业，占全球 GDP 的 13%，过去 20 年建筑业年生产率增长仅是各业平均值的 1/3，延误和超支是常态，建筑业是技术进步最慢和数字化应用最差的行业。简言之，建筑业的变革空间非常大。②市场环境变化、技术进步、具有颠覆能力的新进入者，等等，这些因素组合正在颠覆建筑行业。建筑业的所有参与者都应为这场深刻的变革做准备。建筑业的颠覆者包括工业化（工厂化）、新材料、数字化和新进入者等。建筑业正在发生着一场变革，新冠肺炎疫情正在加速这场变革。

全球建筑建设联盟（GlobalABC）和联合国环境规划署《2021 年全球建筑建造业现状报告》指出，2020 年建筑业占全球终端能源消费量的 36%，占与能源相关二氧化碳排放量的 37%。根据 2020 年 11 月中国建筑节能协会能耗专委会发布的《中国建筑能耗研究报告（2020）》，2018 年全国建筑全过程碳排放总量为 49.3 亿吨，占全国碳排放的比重为 51.3%。其中，建材生产阶段碳排放 27.2 亿吨，占全国碳排放的比重为 28.3%；建筑施工阶段碳排放 1 亿吨，占全国碳排放的比重为 1%；建筑运行阶段碳排放 21.1 亿吨，占全国碳排放的比重为 21.9%。为实现 2050 年建筑零排放目标，国际能源署 IEA 认为到 2030 年，建筑物直接排放需要减少 50%，间接排放减少 60%，也就是说 2020~2030 年建筑业排放每年需要减少 6%。实现上述减排目标，建筑业需要从建筑材料、施工过程、建筑结构和建筑运行全过程实现一场技术革命。

数字技术是第四次工业革命的重要组成部分，BIM、GIS、云计算、大数据、人工智能、3D 打印、物联网、机器人等技术将为传统建筑行业带来巨大变化。建筑施工的各参与方、各要素及全过程管理都可以在一个"可视化、模型化"的平台上进行相互协同；原本分散的建筑业，其生产线、商务线和管理线也可以实现有效整合，项目数据、管理信息也开始互联互通，建筑业的数字化转型正在进入快车道。

20 世纪 20 年代，法国建筑大师勒·柯布西耶（Le Corbusier）在其《走向新建筑》一书中提出"像造汽车一样造房子"。从 20 世纪 50 年代开始，我国就开始推行建筑工厂化。由于碳减排、建筑业"用工荒"、数字化技术以及解决建筑业落后的生产方式和生产技术带来的一系列问题的压力，建筑工厂化技术发展和应用正在进入高度发展时期。数字化、工厂化和新材料，正在使几十年没有重大变化的延误、超支、质量和安全问题频发的建筑行业发生着一场变革，而建筑业高碳排放面临的巨大减排压力正在使这种变革成为一场革命。建筑业的革命将以绿色建筑、工厂化、数字化和新材料为主要特征。

对于国际工程而言，传统建筑业的低门槛和逆全球化导致的贸易壁垒高筑，使得全球国际工程营业额在 2013 年达到峰值后，一路波动下滑，承包商的生存环境也日益恶化。而实际上，此期间的全球建筑业有近 4% 的年复合增长率，国际工程不但没有随全球建筑业的增长而增长，而是一直在波动下滑。以碳减排、工厂化、数字化和新材料为主要特征的建筑业技术革命正在改变国际工程行业下滑的局面，因为上述技术将大大地推高建筑业的门槛，大大推高建筑业的国际合作，从而推动全球国际工程行业进入新一轮辉煌。

全球基础设施开发模式已经完成了从政府主导向商业主导的转变，私人公司和民间资金将有更多机会进入基建投资领域，资金和融资对基建和建筑业也更加重要；发展中国家投建营一体化将成为"一带一路"建设的主流模式，而投建营一体化将以项目融资为核心；英国巴克莱银行预计海外基础投资将成为未来投资热点之一。这些都说明资金在基础设施中的重要性，没有资金，没有融资，也就没有基础设施的投资开发；而基础设施开发过程中的金融合作，包括大国发起的以基础设施开发和建设为核心全球化倡议，如"一带一路"、B3W、世界门户等，都将为全球国际工程再造辉煌发挥作用。

总而言之，技术在未来的国际工程行业发挥的作用和扮演角色的重要性将远远大于现阶段。希望中国国际工程企业抓住建筑业技术革命的契机，实现弯道超车，打造出一批真正的世界一流国际工程企业。强调技术对国际工程的重要性，并不妨碍我们继续降调资金的重要性，资金及投融资能力在未来国际工程行业会更加重要。一个国际工程企业，无论是否做投资，打造一个投融资团队对企业的生存和发展都是重要的。

2.1.2 国内建筑业市场现状

建筑业是国民经济的支柱产业，在吸纳农村转移劳动力就业、推进新型城镇化建设和促进农民增收等方面发挥了重要作用。但近年由于受疫情的影响，各行各业受到很大的冲击，特别是建筑行业市场萧条严重，龙头房地产企业纷纷暴雷，老牌建筑施工企业破产重组。排除表象，客观分析建筑行业现状如下：

（1）建筑业总产值持续增长。

近年来，随着我国建筑业企业生产和经营规模的不断扩大，建筑业总产值保持了持续的增长。2021 年全国建筑业总产值达到 293079 亿元，比上年增加 29132 亿元，同比增长 11.04%，增速比上年提高了 4.8 个百分点，连续两年上升。2022 年上半年，全国建筑业企业完成建筑业总产值 128979.8 亿元，同比增长 7.6%。

（2）行业竞争正在加剧。

2016~2021 年我国建筑业企业数量不断增长，使行业竞争不断加剧。截至 2022 年 6 月底，全国有施工活动的建筑业企业 129495 个，同比增长 12.5%；从业人数 4174.7 万人，同比增长 0.1%。国有及国有控股建筑业企业把控了大部分的资源、项目，且相关企业数量仍在不断增长。因此在国有建筑企业队伍进一步壮大的背景下，民营中小建筑企业生存愈加困难。

（3）行业转型升级正在加速。

2021 年，全国建筑业从业人数为 5282.94 万人，比上年末减少 83.98 万人，同比减少 1.56%，连续三年下降。大量行业工人正在更新换代，加上信息技术的广泛运用，建筑行业正在加快转型升级。

（4）已全面实现新建建筑节能。

在"双碳"背景下，中国建筑业正逐步加快绿色建筑的发展步伐。近年借助"浅层地热能"等先进技术手段，我国绿色建筑实现跨越式增长。到目前我国已全面实现新建建筑节能。住房和城乡建设部最新数据显示，截至 2022 年上半年，中国新建绿色建筑面积占新建建筑的比例已经超过 90%。

展望未来，我国建筑业仍有较长的红利期。同时，我国建筑业将加快数字化、信息化、智能化发展，智能建筑和智能交通等必将成为新的发展方向，传统基础设施和新型基础设施将融合建设。

（1）城镇化建设仍有较长红利期。

虽然近年我国城镇率不断提升，截止到 2021 年末我国常住人口城镇化率已达到 64.72%。但国家"十四五"规划和 2035 年远景目标纲要中均提出"十四五"时期城镇化率要提高到 65%，在 2035 年要达到 75%、2050 年达到 80%。由此来看，即使我国城镇化进程进入中后期，但对建筑行业依然有较长的红利期。

（2）持续拓宽绿色节能建筑新航道。

国家明确了"十四五"时期 9 项重点任务：提升绿色建筑发展质量、加强既有建筑节能绿色改造、提高新建建筑节能水平、推动可再生能源应用、推进区域建筑能源协同、推广新型绿色建造方式、实施建筑电气化工程、促进绿色建材推广应用、推动绿色城市建设。

（3）大力发展装配式建筑。

近年来，国家不断地对装配式建筑行业发展政策进行加码，扶持力度和针对性也越来越明显，明确到 2025 年装配式建筑在新建建筑中占比要达到 30%，各地及时跟进配套政策，加大推动力度，开工面积快速增长。

（4）"投建营"全产业链一体化发展模式。

大型建筑业企业为适应行业发展需求，大力拓展规划设计、投融资、全过程咨询、产业导入等高附加值的业务能力，加强产业链间的协同整合，"投建营"全产业链一体化发展模式的竞争优势非常明显。

（5）工程总承包将成未来建筑业主要模式。

在国际工程市场中工程总承包模式占很大份额，也被现行《中华人民共和国建筑法》和政府管理部门积极努力推广，未来将广泛地应用到我国的项目建设中。

（6）新基建市场潜力巨大。

未来，建筑业加快向数字化、信息化、智能化发展，智能建筑和智能交通等必将成为新的发展方向，传统基础设施和新型基础设施融合发展，会大大影响和改变建筑业的生产组织、实现方式和管理模式。

（7）PPP 市场仍是建筑业企业转型的重要方向。

PPP 市场模式（即政府和社会资本合作）创新已是历史大势所趋，混合型 ABO 和基础设施 RETIS 为 PPP 市场带来新的机遇，继续推进建筑业规模发展，PPP 项目依然是持有优质运营资产的机会，是向资产运营型企业转型的重要途径。

（8）建筑市场体系及运行机制更加健全。

建筑法的修订，法律法规体系的进一步完善，有助于企业资质管理制度和个人执业资格管理的逐步强化，工程担保和信用管理制度的持续完善以及工程造价市场化机制的全面形成。

2.2 工程造价咨询服务的市场分析

工程造价咨询业的发展离不开建筑业的发展。建筑业的发展虽然有所放缓，但是体量依旧很大，国内外仍在大力发展基建。未来，随着基建投资的发力，建筑业产值仍会保持良好的上升趋势，因此，工程造价咨询服务的市场也一定会保持良好的需求上涨。

2022 年 7 月 5 日住房和城乡建设部按照《国家统计局关于批准执行工程造价咨询统计调查制度的函》（国统制〔2019〕129 号）等相关规定（虽然2021 年 7 月 1 日起取消工程造价咨询资质，但工程造价咨询统计制度进行相应调整需要时间，因此 2021 年统计工作仍执行 2019 版统计制度）对 2021 年原具有工程造价咨询资质企业基本数据进行了统计。

2.2.1　企业情况

2021 年末，全国共有 11398 家工程造价咨询企业参加了统计，比上年增长 8.7%。其中，甲级工程造价咨询企业 5421 家，增长 4.7%，占比 47.6%；乙级工程造价咨询企业 5977 家，增长 12.6%，占比 52.4%。专营工程造价咨询企业 3167 家，减少 3.1%，占比 27.8%；兼营工程造价咨询企业 8231 家，增长 14.0%，占比 72.2%。具体分布如表 2-1、表 2-2 所示。

表 2-1　工程造价咨询企业分布情况

单位：家

北京	天津	河北	山西	内蒙古	辽宁	吉林
403	114	461	403	340	379	198
黑龙江	上海	江苏	浙江	安徽	福建	江西
224	228	1049	810	766	327	291
山东	河南	湖北	湖南	广东	广西	海南
871	455	402	428	568	190	69
重庆	四川	贵州	云南	西藏	陕西	甘肃
240	545	220	161	24	274	215
青海	宁夏	新疆	新疆兵团	行业归口	合计	
93	143	283	9	215	11398	

表 2-2　工程造价咨询企业工商登记注册类型

单位：家

合计	国有独资公司及国有控股公司	有限责任公司	合伙企业	合资经营企业和合作经营企业
11398	231	11093	62	12

随着造价资质的取消，任何具有造价咨询业务拓展意愿的企业，只需取得营业执照即可经营，就可从事造价咨询相关工作。从行业市场集中度来看，目前我国工程造价咨询行业企业数量众多，知名度高的龙头企业较少，行业集中度较低。我国住房和城乡建设部数据显示（见图 2-1），我国工程造价咨询行业内专营工程造价咨询企业呈现下降态势；兼营工程造价咨询企业则呈现上升态势，且 2021 年底行业内兼营工程造价咨询企业数量远远高于专营工

程造价咨询企业，专营工程造价咨询企业 3167 家占比 27.80%；兼营工程造价咨询企业 8231 家占比 72.20%。由此可以看出我国工程造价咨询行业门槛较低。

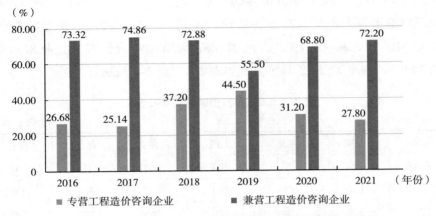

图 2-1　2016~2021 年工程造价咨询企业数据类型占比情况

2.2.2　从业人员情况

2021 年末，工程造价咨询企业共有从业人员 868367 人，比上年增长 9.8%。其中，正式聘用人员 803870 人，增长 9.6%，占比 92.6%；临时工作人员 64497 人，增长 12.8%，占比 7.4%。

工程造价咨询企业共有专业技术人员 504620 人，比上年增长 6.5%，占全部从业人员的 58.1%。其中，高级职称人员 131152 人，增长 10.0%，占比 26.0%；中级职称人员 246391 人，增长 4.7%，占比 48.8%；初级职称人员 127077 人，增长 6.6%，占比 25.2%。

工程造价咨询企业共有注册造价工程师 129734 人，比上年增长 16.0%，占全部从业人员的 14.9%。其中，一级注册造价工程师 108305 人，增长 6.9%，占比 83.5%；二级注册造价工程师 21429 人，增长 104.3%，占比 16.5%。其他专业注册执业人员 131727 人，增长 19.1%，占全部从业人员的 15.2%。

2.2.3　业务情况

根据住建部最新发布的关于 2021 年工程造价咨询统计公报数据可知，

2016 年，工程造价咨询企业营业收入为 1203.76 亿元；2021 年，工程造价咨询企业营业收入为 3056.68 亿元，比 2020 年增长 18.9%（见图 2-2）。其中，工程造价咨询业务收入 1143.02 亿元，增长 14.0%，占全部营业收入的 37.4%；招标代理业务收入 263.47 亿元，减少 7.8%，占比 8.6%；项目管理业务收入 586.03 亿元，增长 52.3%，占比 19.2%；工程咨询业务收入 275.70 亿元，增长 37.0%，占比 9.0%；建设工程监理业务收入 788.46 亿元，增长 13.3%，占比 25.8%。

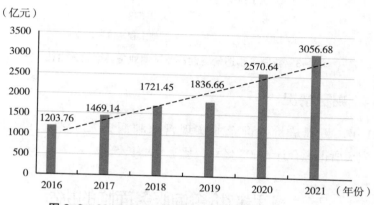

图 2-2　2016~2021 年工程造价咨询企业营业收入

上述工程造价咨询业务收入中：

按所涉及专业划分，房屋建筑工程专业收入 677.53 亿元，增长 13.3%，占比 59.3%；市政工程专业收入 197.92 亿元，增长 16.3%，占比 17.3%；公路工程专业收入 56.12 亿元，增长 11.8%，占比 4.9%；火电工程专业收入 26.21 亿元，增长 2.3%，占比 2.3%；水利工程专业收入 28.34 亿元，增长 15.2%，占比 2.5%；其他工程造价咨询业务收入合计 156.90 亿元，增长 16.8%，占比 13.7%。工程造价咨询行业不同业务类型收入占比如图 2-3 所示。

按工程建设的阶段划分，有前期决策阶段咨询业务收入 91.16 亿元，增长 8.6%，占比 8.0%；实施阶段咨询业务收入 224.59 亿元，增长 12.5%，占比 19.6%；竣工结（决）算阶段咨询业务收入 398.34 亿元，增长 10.2%，占比 34.9%；全过程工程造价咨询业务收入 371.10 亿元，增长 20.3%，占比 32.5%；工程造价经济纠纷的鉴定和仲裁的咨询业务收入 33.46 亿元，增长 25.4%，占比 2.9%；其他工程造价咨询业务收入合计 24.37 亿元，增长 7.5%，占比 2.1%。

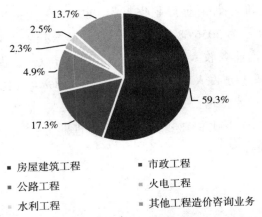

图 2-3　我国工程造价咨询行业不同业务类型收入占比

2.2.4　财务情况

2021 年，工程造价咨询企业实现营业利润 297.56 亿元，比上年增长 12.4%。应交所得税合计 53.03 亿元，比上年增长 5.9%。

2.3　工程造价咨询服务面临的挑战

如前文所述，工程造价咨询行业面临着激烈的市场竞争，在这种市场环境下，工程造价咨询行业要保证自身处于竞争的有利地位，就需要运用战略管理理论，制定有利于工程造价咨询行业发展的战略目标。作为工程管理中重要组成部分的工程造价咨询面对经济转型和新技术的冲击，面临着经济红利过后的挑战。

2.3.1　服务内容偏重项目后期

从工程造价咨询服务的内容来看，我国工程造价咨询行业服务偏重于项目的后半段，多数业务是为工程项目进行施工的结算，以及为工程项目的后期开展审计工作。虽然随着建筑行业从业人员观念的改变，行业中审核工作逐年稳定下降，在工程进展过程中的阶段性工程造价业务逐步增加，行业整体的业务范围也由建设项目的事后管理服务向事中管理发展，这些现象都说明了整体的建筑行业管理理念有了发展，市场愿意向咨询服务企业敞开事中管理的空间，利用咨询管理项目的进度、质量和造价。但总体上，我们国家的工程造价咨询行业的业务还是有六成以上集中在项目的实体建设和事后审核环节，能够开展全过程咨询服务业务的企业少之又少，并且集中在一些经济高度发展的地区，整体行业服务增值领域较小。

2.3.2　诚信评价体系不健全

我国工程造价咨询行业起步较晚，市场目前发展并不成熟。受到观念、习惯等多方面因素的影响，我国造价咨询行业通常以人情、价格为主要的方式获取项目，而不是通过自身服务的优良、技能水平的专业来获得业界的认可。在提供服务近乎相同的条件下，市场竞争并不能展现企业的实力和水平，而仅仅是人脉的展示。随着恶意竞争和人情中标的逐步增加，整个行业的廉价感、低技术内涵和失信行为成为社会对工程造价咨询行业的认知，导致提供的工程项目咨询机会减少或过于简单化，使整体行业陷入恶意降价与低质服务的恶性循环中。而对行业的监管也处于缺失或不足的状态，行业中没有形成一个健康的诚信评价体系，没有健全完善的法律法规来约束企业的行为，缺少强有力的监管体系对企业的失信行为进行处罚，更缺少公正透明的诚信评价平台和多维化的评价体系。

2.3.3　市场更需要多元化的服务

我国的工程造价咨询已逐步从单纯的数量累加向多元化发展。一部分项目可能更加注重项目的最终造价，对进度要求并不严格；另一部分建筑项目则对功能的实现更加注重。一些业主可能更需要全过程的一站式服务，从项目立项到项目完结的统筹化管理；另一些小建设方则仅仅对实施过程感兴趣。这些多元化的需求给工程造价咨询行业的服务带来了新的市场模式，建设项目的不同模式也给咨询服务带来了新的挑战。随着我国经济的快速发展，市场经济的日趋完善，仅仅依靠政府的指导定价和定额工程量的模式已经不能适应多元化服务的要求，而目前的造价咨询企业恰恰没有走出一条市场化咨询管理的发展道路。

咨询服务将从原来单一的实施阶段咨询服务向全过程造价控制服务方向发展。工程造价咨询企业的业务范围从原有的从事工程建设概算、预算、结算、标底编制等单一的被动服务，逐步扩大到提供建设工程项目设计方案比选、优化设计、全过程工程造价控制服务；从原有的从事房屋建筑工程、市政工程等少数几个专业，逐步扩大到公路工程、铁路工程、航空工程、核工业工程、新能源工程等 20 多个专业。

2.3.4 缺乏系统的造价指标和数据库建设

随着大数据、BIM、电子化等现代信息技术的成熟，传统工程造价咨询企业的数字化转型迫在眉睫。目前，企业级指标和数据库处于初步框架建设阶段，需要标准化后持续动态输入样本项目数据。这项工作需要大量的体力劳动，而且以此作为数据指标和应用的数据基础的工程造价指标体系的稳定性、适用性和合理性还有待验证。

通过历史数据库中优质的已完工工程模板文件的快速调用、企业历史造价数据库中类似项目的评价，结合后期的数据库检索技术，有助于造价工程师在工程造价咨询业务的全过程中实现对工程项目全建设期跟踪咨询服务的高效率和准确性，有利于提高建设项目的施工过程和管理运维的增值效益，提高建设项目全生命周期的成功率，节约社会成本的投入，也有利于确定建设项目经济效益和社会效益的标准。

2.3.5 企业执业风险管理意识不强

部分企业在归档资料中缺少现场签证、现场踏勘记录、会议纪要、计算底稿等必要的计价资料，导致部分成果文件计价依据缺失或不完整；少数企业不注重收集委托方确定或调整计价原则的书面资料，不在咨询报告中阐述应保留的执业意见，承担了不应承担的执业风险。

2.3.6 工程造价咨询服务收费标准执行不到位

不少企业的咨询服务收费普遍低于参考收费标准的 80%。工程造价咨询企业数量快速增长，但专营化程度偏低，工程造价咨询取费费率总体不高。咨询企业为了取得服务项目，都会相应地降低收费费率，有时为了竞争，甚至会亏本接项目，这势必会给服务质量带来隐患。

工程造价咨询行业已逐渐进入"拼人才、拼服务、拼实力、拼品牌"的新阶段，面对日益变化的造价改革发展趋势，准确把握行业政策发展导向、提高企业核心竞争力、加速企业的转型升级是当前工程造价咨询企业亟须思考的问题。各省市持续推进全过程工程咨询发展，市场化经济时代工程造价企业机遇挑战并存。

2.4　工程造价咨询服务的市场化改革

2020 年 7 月 24 日住建部《关于印发工程造价改革工作方案的通知》（建标办〔2020〕38 号）（以下简称"38 号文"）决定在一个行业（房地产）、五个省市的政府投资的房建、市政项目进行工程造价改革试点。38 号文将工程造价管理市场化改革再次提上了日程。2003 年建设部发布了第一版清单规范《建设工程工程量清单计价规范》（GB50500-2003），第一次把市场形成工程造价的机制提出来，堪称零的突破。随后又颁布了清单规范 2008 版、2013 版，从年份看基本 5 年一修订，但 2018 年至今仍没有新的清单规范出来，这无疑是在酝酿改革，时至 2020 年改革出台。

为什么这次又提出市场化改革？

38 号文开篇提到了"发挥市场在资源配置中的决定性作用"，这正是这次改革的根源。这句话来自 2013 年召开的党的十八届三中全会，2017 年党的十九大又把这句话写入了党章。从党的十五大"使市场在国家宏观调控下对资源配置起基础性作用"，党的十六大"在更大程度上发挥市场在资源配置中的基础性作用"，党的十七大"从制度上更好发挥市场在资源配置中的基础性作用"，党的十八大"更大程度更广范围发挥市场在资源配置中的基础性作用"，一直到党的十八届三中全会正式提出"使市场在资源配置中起决定性作用"，到党的十九大正式写入党章，表明我们国家的市场经济改革有了新的突破。正是中央政策的变动，导致建筑行业市场化配置资源的改革迫在眉睫。

资源配置依据市场规则、市场价格、市场竞争实现效益最大化和效率最优化。所谓"决定性作用"，是指市场在所有社会生产领域的资源配置中处于主体地位，对于生产、流通、消费等各环节的商品价格拥有直接决定权。"决定性作用"意味着，不能有任何力量高于甚至代替市场的作用。

价格机制有两种：一种是固定价格机制，另一种是自由价格机制。

固定价格机制：价格是由政府所指定。这种情况出现在过去我们国家的社会主义的计划经济里，定额正是实现基建产品政府定价的一个工具，当今，政府项目仍旧由定额计算出控制价上限，大多采用的是平均分法评标，既不能超过上限也不能低太多，否则就拿不到项目，本质还是工程项目由政府定价。

与固定价格机制不同的是，自由价格机制将价格的决策分散到贸易中，在这样的市场经济中，价格是由买卖的双方所决定的，在卖方出价、买方讨价的过程中，双方通过对价值的主观判断决定最后贸易的价格。由于消费者所拥有的资源都是有限的，因此他们会依照自己对于不同产品（和服务）的需求做出衡量，并以这种衡量来决定产品和服务的价值。而通过市场上的价格信号，资源同样有限的生产者便能得知消费者的需求。紧接着生产和服务的适当价格也就此产生。这样一来一往的过程便设立了市场的价值，并能正确地引导资源、财富的分配和发放。

运用到我们建筑市场里，也就是说，随着国家市场经济改革的深入，过去政府利用自己颁布的定额对基建项目定价的模式已经行不通了。要把建筑项目交易市场的固定价格机制转换到自由价格机制，也就是通过建筑项目交易市场中的供求关系、市场竞争定价。工程项目最终定价依靠市场中承包商的竞争决定，交易价格的高低决定了承包商利润，利润的高低又反过来影响社会对建筑行业的资源配置。正如 38 号文里提到的"推行清单计量、市场询价、自主报价、竞争定价的工程计价方式"。具体反映到我们的招投标制度中，也就是通过投标人的竞争确定某一项目的最终价格，竞争的前提必定是制定竞争规则，"经评审的最低评标价中标的评分办法"正是竞争定价的具体体现。

当然"经评审"三个字仍然反映出市场化改革的审慎态度，对于最低价中标，我们还在犹豫。不彻底放开就无法真正体现竞争：超低的价格向社会传递利润低，资源需要退出的信息；超高的价格，向社会反映资源在这一领域的投入不足，吸引社会资源进入，以平抑市场价格。对于最低价中标有各个方面的阻力，但是只要有价格上限和下限的控制，就说明市场化改革没有彻底成功。

通过上述的深入分析，工程造价咨询服务面临的市场化改革挑战是全方位的。

2.4.1　工程造价的形成机制

38 号文坚持市场在资源配置中起决定性作用，正确处理政府与市场的关系，通过改进工程计量和计价规则、完善工程计价依据发布机制、加强工程造价数据积累、强化建设单位造价管控责任、严格施工合同履约管理等措施，推行清单计量、市场询价、自主报价、竞争定价的工程计价方式，进一步完善工程造价市场形成机制。纵观我国工程造价管理工作发展历程可以看出，38 号文是对《关于进一步推进工程造价管理改革的指导意见》（建标〔2014〕142 号）、《关于加强和改善工程造价监管的意见》（建标〔2017〕209 号）等文件的继承和完善。完善工程计价制度、转变工程计价方式是工程造价市场化改革的持续努力方向。

2.4.2　工程造价咨询服务企业资质的取消

2021 年 6 月 3 日，《国务院关于深化"证照分离"改革进一步激发市场主体发展活力的通知》（国发〔2021〕7 号）发布，宣布自 2021 年 7 月 1 日起，在全国范围内取消工程造价咨询企业资质审批。取消审批后，企业取得营业执照即可开展经营，行政机关、企事业单位、行业组织等不得要求企业提供相关行政许可证件，这代表着十七年来关于造价资质去留的问题终于有了明确的结果，也标志着我国工程造价市场化改革迈出了重要一步。

工程造价咨询企业资质认定取消，意味着工程咨询新格局即将诞生，不断优化建筑市场。造价资质企业准入门槛降低，将会加大市场化竞争，引导建设行业得到更好的发展。资质的取消，告知承诺制的实施，使建设行业将迎来大批工程造价咨询企业，这也引起行业竞争加剧，促进"优胜劣汰"机制发展。相对地，相关建设部门加强事后监管，是急需解决的问题。信用评价体系也逐渐亮相于建筑行业，不断推动行业健康发展。

2.4.3　相关担保制度的完善

如何放下"经评审"的审慎态度？不妨借鉴国外的做法：如果业主认为导致最低评标价的投标严重不平衡或前置，业主可要求投标人对工程量清单的任何或所有项目进行详细的价格分析，证明这些价格与提议的施工方法和进度计划的内在一致性。在对价格分析进行评估后，考虑到预计合同付款的时间表，业主可要求增加履约保证金的金额，费用由投标人承担，增加到足以保护业主在中标人违约时免受财务损失的水平合同。

借鉴国际的通行做法，国家在对公共工程项目承发包交易进行市场化改革过程中，可以通过"高额合同履约担保制度"避免中标人在履约过程中出现问题给招标人带来损失。例如，某投标的评标价最低，采用"最低评标价中标的评分办法"中标，但招标人认为此投标人的报价可能低于了成本的报价，为了避免中标人在履约过程中出现问题给招标人带来损失，招标人可以提出额外高额的合同履约担保，实施过程中，如果因为投标人严重亏损想中止合同，会付出巨大代价，甚至破产。通过担保制度的完善营造一个理性竞争的市场氛围，防止恶性竞争给项目业主方带来巨大损失，这也正是国际通行规则。

2.4.4　预算定额的取消

在理性竞争的市场氛围下，承包商投标最重要的一点就是企业成本底限的确定。成本越低，投标过程中可操作的空间越大，中标概率越高。而成本又是个性化的，成本高低取决于承包商的管理水平、技术水平、装备水平和市场上配置资源的能力。定额是社会平均水平的一个消耗量，是共性的，在市场竞价中，就完全失去了意义。不用官方废止，在竞价模式下，定额自然被抛弃。需要说明一点：此处的定额非企业定额，是指定额站或造价站政府编制的定额。

2.4.5　造价咨询企业、造价人员市场定价能力的提升

咨询公司作为专业造价机构，作为市场中的一方，帮助业主控制成本、提高建设效益的能力才是核心竞争力。编制控制价上限的目的转变为：咨询机构帮助业主预测市场成交价格，帮助业主完成投资决策、财务融资。通过市场交易完成后的价格来检验造价咨询机构的预测准确性，而不是用来限制交易。控制价做得太低，在理性的市场，就会流标；做得太高，作为限价也没有意义。

在市场形成造价的机制下，不了解现场施工，不了解市场行情，也就无法报出价格。长久以来，造价人员视定额为"圣经"，忽略了定额背后最重要的东西。很多新手不会套定额，是因为根本不知道工程怎么干（不懂工艺，不懂施工组织设计），套定额只知道个大概，定额消耗量多了少了不知道，机械配置同现场有什么出入不知道，材料损耗高了低了不知道，间接费到底发生多少不知道，只知道按办法取费。

工程造价人员最核心的两个能力，一个是成本控制，另一个是合约管理，两个能力又分别对应了一个国家的市场化程度和法治建设水平。作为承包方

的造价人员工作的重点将会转移到项目成本控制上，通过合约管理，从业主那里获得收入，通过施工方案、资源配置，通过对分包商、供应商的合约管理控制成本支出。而不再是盯着政府颁布的定额。

2.4.6　政府的宏观管理

在市场形成造价的机制下，政府不再微观干预交易价格的形成，工作职能转变为：保持宏观经济稳定、加强和优化公共服务、保障公平竞争、加强市场监管、维护市场秩序、推动可持续发展、促进共同富裕、弥补市场失灵、制定规则、维持公平竞争。不再通过定额微观干预价格的形成，而是代之以更加宏观的管理。例如，最低价中标，怎么防止恶意降价？怎么防止偷工减料，影响工程质量、安全？怎么防止围标，串标，哄抬价格？竞争淘汰的企业如何平稳退出？这些都与维持市场公平竞争、打击经济犯罪、建设法治社会相关，也是政府职责所在、职能转变所在。

定额站、造价站，还是各类造价协会、造价咨询机构的工作内容也将发生深刻变化。工作内容不同了，工作难度加大了。政府、造价协会、定额站需要重新定位自己游戏规则制定者的角色。例如，怎么改招投标竞争规则？怎么制定清单规范？对于施工中的变更怎么定价？怎么制定一套适应多种承发包模式的工程合同示范文本？怎么高效解决承发包市场的法律纠纷？

2.4.7　工程造价咨询服务的市场收费机制

正如 2.3 节中的分析，造价咨询服务的市场需求呈现多元化趋势，在向项目生命周期前端（决策阶段）及后端（运维阶段）延伸。咨询服务的内容逐步扩展，对精细化程度的要求也不断提高，新的技术手段（如大数据、BIM 技术等）也在逐步推广应用。造价咨询服务同质化现状已受到质疑与挑战。如何激励工程造价咨询企业以服务质量为核心竞争力，为业主提供量身定做的造价咨询增值服务？工程造价咨询服务收费取消政府指导价，实行市场调节价有其内在改革与发展的需求。找准方向，有破有立，才有希望将造价咨询行业推向市场化、国际化。

第3章 工程造价咨询服务收费的市场化

工程造价咨询服务面临的市场化改革挑战是全方位的。本书以工程造价咨询服务收费的市场化为切入点，深入讨论市场化过程中的困惑及解决方案。

随着《国家发展改革委关于进一步放开建设项目专业服务价格的通知》（发改价格〔2015〕299号）和《工程造价改革工作方案》（建办标2020〔38〕号）的颁布，实践中，出现了工程造价咨询企业收费的无所适从、工程造价咨询委托方的困惑和不信任、咨询服务收费与服务质量标准之间的匹配失衡、新兴的造价咨询服务的收费盲区等问题。

本章拟通过对工程造价咨询服务成本构成及影响因素、工程造价咨询服务收费形成机制及影响因素、工程造价咨询服务收费方法的研究，为建立公平合理的工程造价咨询市场调节价定价机制提供依据，为造价咨询服务的委托方支付咨询服务费用提供参考，为政府行业主管部门和价格主管部门引导行业健康发展，维护正常的市场秩序，保障市场主体合法权益提供依据。通过本章的研究，能够为维护正常市场秩序，增加咨询服务双方价格认同；保证咨询服务的质量，促进行业健康发展；全面提高工程造价咨询企业管理能力和定价水平提供理论支撑和方法支持。

3.1 咨询服务收费市场化研究的必要性

建设工程造价咨询行业的服务收费及相关的管理制度一直都在不断完善，各个省市原有的建设工程造价咨询服务收费管理办法对工程造价咨询行业的持续发展，对国家投资项目招标投标管理、投资控制和造价节约起到了积极作用。

2015年，《国家发展改革委关于进一步放开建设项目专业服务价格的通知》（发改价格〔2015〕299 号），为贯彻落实党的十八届三中全会精神，按照国务院部署，全面放开政府指导价管理的建设项目专业服务价格，充分发挥市场在资源配置中的决定性作用，进一步放开建设项目专业服务价格，实行市场调节价。

所谓市场调节价，是指从事生产、经营商品或者提供有偿服务的法人、其他组织和个人自主制定，通过市场竞争形成的价格。

2020 年，为贯彻落实党的十九届二中、三中、四中全会精神，坚持市场化改革方向，进一步推进工程造价市场化改革，正确处理政府与市场的关系，促进建筑业转型升级，中华人民共和国住房和城乡建设部办公厅制定了《工程造价改革工作方案》（建办标 2020〔38〕号）。

随着服务价格的放开，工程造价咨询市场也在悄然发生变化。在逐步适应"放开"的过程中，工程造价咨询活动的各个参与方都暴露出了一些问题。

首先，工程造价咨询企业应本着"公开透明、规范收费"的原则，按照服务类型、服务内容、深度及质量等要求，自行制定相应的企业服务收费标准。但此收费原则在实际工程造价咨询活动中很难实施。大部分工程造价咨询委托方（包括大型企事业单位以及政府机构等，下文简称咨询委托方）仍然参考各地原"收费标准"进行造价咨询服务的定价，使工程造价咨询企业的收费无所适从。

其次，由于专业能力及企业管理水平的差异，不同的工程造价咨询企业对于同类型服务的深度和质量标准把握不一致；另外，不同的工程造价咨询企业鉴于自身承揽业务的规模大小，针对不同的收费区间可能采取不平衡报价。这样一来，形成的企业收费标准各不相同，个别收费区间的费率甚至有近 3 倍的差异，使咨询委托方难以判断选择，对工程造价咨询服务产生了较大的困惑和不信任感。

再次，随着服务价格的放开，以往的"价格控制"逐步转变为"行为控制"。但在"放开"中，未明确建立服务收费与服务行为深度和质量标准之间的匹配度，未强调良好的服务行为及行业自律是影响服务收费的一个重要维度。我国工程造价咨询行业服务内容日趋同质化，核心竞争力的缺乏导致低价竞争愈演愈烈。咨询委托方单纯以价格作为选择咨询服务企业的衡量标准，强调低价中标的观念根深蒂固，导致在执行"放开"价时仍然压低咨询委托费。在这样的环境下，一些工程造价咨询企业为了拿到项目，不顾诚实信用的行业公约，冒着被投诉处理的风险，压低报价，进行恶性竞争。如此盲目的低价竞争，轻则扰乱行业市场秩序，使人才流动频繁；重则影响咨询服务质量，导致审查纠纷频现；更甚，会使咨询委托方的投资资金蒙受损失。

最后，随着工程造价咨询服务的市场需求越发向建设项目全寿命周期的前端延伸，工程造价咨询服务的工作重心向着全过程工程造价咨询的方向偏移；BIM 技术的兴起，PPP 融资模式、EPC 发包模式的行业推进，工程造价咨询服务的内涵和服务标准需要准确定义，与之匹配的造价咨询服务收费需要分析。

因此，为充分发挥市场在资源配置中的决定性作用，维护有序公平的竞争环境，提高工程造价咨询服务质量，推动我国建设工程造价行业健康高效发展，厘清工程造价咨询服务成本的构成，为造价咨询服务的委托方支付咨询服务费用提供理论参考，为工程造价咨询企业服务收费提供合理支撑，为政府行业主管部门对工程造价咨询企业的宏观监管提供有效依据，开展《工程造价咨询服务成本构成与咨询服务收费形成机制研究》课题的科研工作。

3.2　拟解决的问题

拟对工程造价咨询服务成本构成与咨询服务收费形成机制进行理论与实践研究：对工程造价咨询服务收费现状进行梳理；对工程造价咨询服务成本构成及影响因素、工程造价咨询服务收费形成机制及影响因素、工程造价咨询服务收费方法等问题展开研究；对典型省市的咨询服务收费指南或参考成本进行对比分析，在全国范围内开展问卷调查进行数据收集，对工程造价咨询服务成本测算及咨询服务收费方法进行实证分析。研究内容及拟解决的关键问题主要有：

3.2.1　工程造价咨询服务成本的构成

通过文献分析法对涉及咨询服务成本构成的文献进行收集、整理、分析。

一方面，深入理解咨询服务成本构成的基础理论，通过大量阅读和梳理来自 CNKI 的 CSSCI、EI、CSCD 等文献，熟悉国内外关于工程造价咨询服务收费的现状、存在的问题，为本书的研究提供理论基础。

另一方面，结合工程造价咨询企业的实际经营管理消耗，完成课题"工程造价咨询服务成本构成"部分调查问卷的初步设计。在初步设计调查问卷的基础上，对相关专家和管理人员进行专家访谈，结合访谈结果不断优化问卷。最后经过企业预调完成本书"工程造价咨询服务成本构成"部分的调查问卷。面向全国工程造价咨询企业发放调查问卷，采集信息，数据处理，最终确定工程造价咨询服务成本的构成。

3.2.2　工程造价咨询服务收费形成机制的系统阐述

首先，收费形成机制的主体确定。由于咨询委托方与工程造价咨询企业的效用函数不一致，所以必须制定有效的制度来规范行业的服务与收费，平衡双方之间的利益矛盾，维护双方的合法利益。目前企业核心竞争力的缺乏，行业内服务的同质化，市场冷落"优质"、追求"廉价"的误导，并非工程造价咨询企业单方面影响的结果，应该从造价咨询的两方主体入手，探讨收费形成机制的主体行为。

其次，确定影响因素对咨询服务收费的影响方式。区分服务类型、服务内容、深度及质量的具体方式是什么？是通过计费单价还是计费工作量予以区分？是否需要结合《建设工程造价咨询规范》（GB/T51095–2015），基于《工程造价咨询企业服务清单》（CCEA/GC 11–2019）进行咨询服务费收费形成机制的形成研究？咨询服务的价值量化及咨询服务质量的不确定性对收费的影响是咨询服务收费形成机制的分析中需要解决的两个关键问题。

3.3.3　工程造价咨询服务收费方法的确定

对差额定率累进法和人工工日法两种工程造价咨询服务收费方法分别进行研究。

在明确工程造价咨询服务成本构成的基础上，基于差额定率累进法讨论工程造价咨询服务成本的计算方法。通过对比分析典型省市的咨询服务收费指导或成本参考标准，给出基于差额定率累进法的咨询服务成本参考标准及建议。

首先，通过典型省市的人工工日参考标准、中国勘察设计协会的工日成本的对比分析确定人工工日法的适用性。其次，通过问卷调查、实例验证说明了人工工日法确定咨询服务成本的可行性。最后，基于中国建设工程造价管理协会发布的《中国工程造价咨询行业发展报告》中的人均营业收入及四川省造价工程师协会的测算数据的吻合性，给出基于人工工日法的咨询服务成本参考标准及建议。

如何确定新技术、新领域的工程造价咨询服务收费？BIM 技术的兴起，PPP 融资模式、EPC 发包模式等行业发展对收费方法有着怎样的影响？工程造价咨询新业务的市场收费定价适不适合本书的收费定价方法，需要深入探讨。

3.3　咨询服务收费市场化研究的目的

（1）通过对工程造价咨询服务成本构成和咨询服务收费形成机制的研究，为建立公平合理的工程造价咨询市场调节价定价机制提供依据。防止工程造价咨询企业通过降低服务质量、减少服务内容等手段以低于成本价进行恶性竞争，保障正常市场秩序。

（2）通过对工程造价咨询服务成本构成和咨询服务收费形成机制的研究，为造价咨询服务的委托方支付咨询服务费用提供参考，使咨询委托方的工程造价管控工作得到"物有所值"的增值服务。

（3）通过对工程造价咨询服务成本构成和咨询服务收费形成机制的研究，为政府行业主管部门和价格主管部门对咨询服务价格进行监管，为市场主体创造公开、公平的市场竞争环境，引导行业健康发展，维护正常的市场秩序，保障市场主体合法权益提供依据。

3.4　咨询服务收费市场化研究的意义

3.4.1　维护正常市场秩序，增加咨询服务双方价格认同

咨询服务与一般的商品不同。一般商品是可以具体衡量或物理判断出质量的好坏，从而评定其价格的高低。咨询服务的质量判定却有些抽象，不易直观量化。即使咨询方满足咨询委托方的需求，给出了高质量的咨询方案或解决措施，咨询委托方也很难或不愿接受比一般咨询服务"偏高"的报价。这既反映出咨询委托方对咨询行为付出的理解不够，也反映出咨询企业自身缺乏"定价"理论和方法的现实。

在市场经济条件下，商品交易的任何一方均希望自身利益最大化，这种驱动力，促使建设工程造价咨询服务市场上的提供者有提高咨询服务收费的冲动，咨询服务的接受方有降低咨询付费的意愿。

工程造价咨询服务成本与咨询服务收费的研究，恰恰可以解决上述造价咨询服务双方的价格认同问题，从而有利于维持正常的市场秩序，避免盲目压价，为咨询服务的提供者和接受者，提供咨询服务收费和付费的参考，对双方完成咨询服务交易，使咨询服务的提供者必要劳动消耗得到正常回报，咨询服务的接受者承担合理的费用，都有十分重要的意义。

3.4.2　保证咨询服务的质量，促进行业健康发展

工程造价咨询业务，主要是为咨询委托方提供项目前期的技术经济评价、投资估算、设计概算、施工图预算和工程结算的编制和审核，进行工程项目全过程造价管控，工程造价司法鉴定，工程造价信息服务等。在提供这些咨询服务时，服务的类型、服务的内容、服务的深度及服务的质量要求与收费标准有正相关的对应关系。咨询服务的成果属于智力成果，咨询过程需要技术人员的智力劳动及咨询企业的科学管理。若咨询服务的付出无法得到相应回馈与保障，势必影响咨询的服务质量。

工程造价咨询企业和造价工程师为社会提供了广泛的造价咨询服务工作，为政府投资管控、降低建设投资成本发挥了巨大作用，工程造价咨询服务已经得到社会广泛认同。

经过三十多年的发展，造价咨询行业根据造价确定与控制的客观规律，已经建立了系统的服务规范。《建设工程造价咨询规范》（GB/T51095–2015），《工程造价咨询企业服务清单》（CCEA/GC 11–2019）就是工程造价咨询业完成咨询任务、提供合格咨询产品的服务规范和标准，从咨询服务程序、内容、深度的角度，决定了咨询服务的必要劳动消耗量，间接地决定了造价咨询服务合理的价格。

成本和价格的研究，就是为工程造价咨询企业付出的必要劳动消耗，咨询资源投入、业务操作规程执行等质量保障条件得到回报提供依据。咨询服务的质量对项目的整个建设过程各个阶段的投资控制都将产生极大影响。合理的造价咨询价格，可以充分保障咨询企业的咨询资源的投入，咨询程序的全面履行，为咨询服务质量的保障创造条件；可以保障建设项目全过程工程造价

管控的质量和水平；有助于工程造价咨询行业的长期健康和持续发展。

3.4.3 全面提高工程造价咨询企业管理能力和定价水平

咨询服务价格是工程造价咨询企业和咨询委托方双方共同的利益和咨询人员劳动价值和劳动成果的体现，也是咨询委托合同签订的难点。研究工程造价咨询服务成本的构成可以为工程造价咨询企业掌握本企业的成本管理水平提供依据，进一步提升和完善企业的咨询服务管理能力。咨询企业应该建立、健全企业内部价格管理制度，按价值规律，客观公允制定企业咨询服务价格，进行本企业咨询服务市场调节价的合理定价。

3.4.4 有效保障发改价格〔2015〕299号精神的落地实施

《国家发展改革委关于进一步放开建设项目专业服务价格的通知》（发改价格〔2015〕299号）第二款："服务价格实行市场调节价后，经营者应严格遵守《中华人民共和国价格法》《关于商品和服务实行明码标价的规定》等法律法规规定，告知委托人有关服务项目、服务内容、服务质量，以及服务价格等，并在相关服务合同中约定。"

《工程造价咨询企业服务清单》（CCEA/GC 11–2019）响应了299号文，解决了工程造价咨询服务"服务项目、服务内容、服务质量"的统一标准化的问题。本书则解决了"服务价格"市场化形成的问题。

服务收费与《服务清单》紧密联系，在规范化服务项目、服务内容、服务质量的前提下，确定匹配的咨询服务成本，考虑市场竞争，确定利润后，即形成服务收费。此咨询收费形成机制为发改价格〔2015〕299号的实践推广提供了清晰的路径，有效保障发改价格〔2015〕299号精神的落地实施。

第4章 工程造价咨询服务成本的构成

本章首先论述工程造价咨询服务成本内涵。因为咨询服务成本是咨询服务收费的主要费用构成，是咨询服务收费最基本的依据和最低的经济界限。工程造价咨询企业是在确定咨询服务成本的基础上进行的咨询服务收费报价。其次对工程造价咨询服务成本的构成要素进行了详细的分类定义阐述，为后面的成本测算和参考标准的研究做好准备。最后分析工程造价咨询服务的工作因素和咨询服务的环境因素对工程造价咨询服务成本的影响，为后面参考标准的数据差异性做好了理论准备。

4.1 工程造价咨询服务成本的内涵

根据马克思主义商品价值理论，商品价值（W）由三部分组成。

$$W=C+V+M$$

其中：

C——生产或服务过程中耗费的生产资料，是物化劳动价值的转移；

V——劳动者为自己劳动所创造的价值以及劳动者为社会劳动创造的价值，是人类活劳动价值的转移；

M——利润。

按照马克思主义的论述，W 中的前两部分 $C+V$ 构成商品的成本。成本是消耗价值与补偿价值的统一，具体包括已耗费的生产资料转移的价值、劳动者为自己劳动所创造的价值以及劳动者为社会劳动创造的价值。成本的实质是劳动消耗，是生产过程中消耗的物化劳动的转移价值和相当于薪酬那一部分活劳动所创造价值的货币表现。

因此，工程造价咨询服务成本可以界定为：为满足咨询委托方的要求而付出的用货币测定的物化劳动和活劳动的耗费，是提供咨询服务所付出的经济价值。

工程造价咨询服务成本是一般成本概念在工程造价咨询领域的延伸，是一般商品和服务的成本在工程造价咨询行业的具体体现，是咨询企业为完成造价咨询业务而投入或消耗的咨询资源。这种资源消耗具体体现为咨询企业的费用支出，把这些费用支出按照咨询项目进行分类归集，就构成了咨询项目的咨询服务成本。

咨询服务成本是影响价格重要的、不可或缺的、必须考虑的因素，是咨询服务收费的主要部分，是咨询服务收费最基本的依据和最低的经济界限。企业在确定咨询服务收费时，会充分考虑咨询服务成本。咨询服务收费最少也要补偿其咨询服务成本。因此，咨询服务成本对咨询服务收费有着重要的影响。

4.2　工程造价咨询服务成本的构成要素

工程造价咨询服务成本是企业提供咨询服务所耗费的物化劳动和活劳动中必要的劳动价值的货币表现。咨询企业所发生的成本就是其经过咨询服务工作，最终形成工程造价成果文件的各种业务活动以及咨询企业开展日常经营管理活动所耗费的各项资源的货币表现。

《关于建筑设计服务成本要素信息统计分析情况的通报》（中设协字〔2016〕89号）将建筑设计服务成本要素分为两类：工程技术人员的直接人工成本和基本服务成本（含税费）。参考此分类，参考《建筑安装工程费用项目组成》（建标〔2013〕44号），结合工程造价咨询企业的实际经营管理消耗，确定工程造价咨询服务成本构成为：人力成本、材料设备费、企业管理费、税费、风险费。

根据上述工程造价咨询服务成本的初步构成，课题组设计了调查问卷初稿，与相关专家及咨询企业管理人员进行了现场访谈，对问卷进行完善。进行访谈的专家包括工程造价管理研究方向的教授5位，咨询公司董事长1位，总经理2位，财务与人事经理3位。结合访谈统计结果，删减、合并、补充完善调查问卷，最后经过预调完成问卷定稿。调查问卷设计详见附录1。调查问卷详见附录2。

为了验证上述初步确定的工程造价咨询服务成本构成的合理性和完整性，

课题组采用调查问卷的方式进行研究。为了保证分析结果的科学性和有效性，问卷的调查对象是全国范围的工程造价咨询企业；为了保证分析结果的普适性和完整性，问卷调查对象包括大中小型规模、不同资质的工程造价咨询企业。

调查问卷共分为 3 个部分：企业基本信息；工程造价咨询服务成本构成；案例数据。本章涉及的是调查问卷的第二个部分，包括五个咨询服务成本构成要素，共 26 个小题，其中 5 个小题设置为开放式问题，用于补充完善咨询服务成本的构成内容。

通过回收问卷的分析，最终确定工程造价咨询服务成本构成为：人力成本、材料设备费、企业管理费、税费、风险费，如图 4-1 所示。

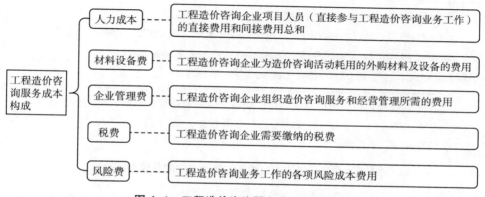

图 4-1　工程造价咨询服务成本构成要素

4.2.1　人力成本

4.2.1.1　人力成本包含的内容

人力成本是员工因向所在的组织提供劳务而获得的各种形式的酬劳。对于工程造价咨询服务而言，人力成本就是指工程造价咨询企业支付给项目人员（直接参与工程造价咨询业务的人员）的各种形式的酬劳。初步定义其具体包含的内容如下：

（1）基本工资：除去奖金或绩效外拿到的最基本的工资，含医疗保险费、失业保险费、养老保险费、工伤保险费、生育保险费、住房公积金、企业补充保险费、计提的公积金。

（2）绩效工资：项目人员完成项目后的绩效费用。

（3）项目人员差旅费：项目人员因咨询业务工作外出支付的交通费、住宿费和公杂费等各项费用。

（4）驻场补贴：为保障项目人员外出驻场工作与生活需求，咨询企业发放的补助费。

关于上述初步确定的人力成本包含的内容，课题组通过调查问卷予以调查，并且设置了一个开放式问题，见问卷的部分截图（见图4-2），该问题用于补充完善人力成本的包含内容。

*1.人力成本是指工程造价咨询企业项目人员（直接参与工程造价咨询业务工作）的直接费用和间接费用总和。具体包含的内容有：【多选题】

底薪（含医疗保险费、失业保险费、养老保险费、工伤保险费、生育保险费、企业补充保险费、计提的各种公积金）

项目提成（项目人员完成项目后的绩效费用）

项目人员差旅费（项目人员因咨询业务工作外出支付的交通费、住宿费和公杂费等各项费用）

驻场补贴（为保障项目人员外出驻场工作与生活需求，咨询企业发放的补助费）

☑上述人力成本之外的其他成本（若有，请根据企业具体情况填写）　　　　　　　　　*

注：问卷里的底薪与项目提成，在后期数据分析和报告编写时，被调研企业建议对应改为基本工资和绩效工资（定义不变，只修改名称）。以下涉及底薪和项目提成的问卷表达，情况相同，不再赘述。

图4-2　调查问卷的人力成本的包含内容的开放问题截图

237份回收的问卷关于人力成本的4个构成内容的勾选情况及开放问题填写份数、填写情况如表4-1所示。

表4-1　人力成本构成的问卷填写情况

单位：份

人力成本	基本工资	绩效工资	项目人员差旅费	驻场补贴
未勾选份数	2	15	14	34
开放问题填写份数	28			
开放问题填写情况	团建费用、交通补贴、通信补贴、体检费用、防暑降温费、旅游费用、餐饮补贴、培训与继续教育费用、证书津贴、住房补贴、年终奖、加班费、节日津贴			

对于"开放问题填写情况"分析如下：

（1）已包含在人力成本中：交通补贴、餐饮补贴、年终奖、加班费。

（2）已包含在企业管理费中：团建费用、通信补贴、体检费用、培训与继续教育费用、证书津贴。

（3）可以完善企业管理费的内容构成：旅游费用、节日津贴、防暑降温费、住房补贴（详见本章表 4-8 企业管理费的最终构成及包含内容）。

根据表 4-1，填写了（1）和（2）情况的问卷，由于未详细阅读问卷的填写说明和题干，与人力成本和企业管理费包含的内容存在费用重合，被判为无效问卷。并且，据此可以判断：问卷初设的人力成本构成及包含内容是完整全面的，因此，最终确定人力成本的构成及包含内容如表 4-2 所示。

表 4-2 人力成本的最终构成及包含内容

构成	包含内容
基本工资	除去奖金或绩效外拿到的最基本工资，含医疗保险费、失业保险费、养老保险费、工伤保险费、生育保险费、住房公积金、企业补充保险费
绩效工资	项目人员完成项目后的绩效费用
项目人员差旅费	项目人员因咨询业务工作外出支付的交通费、住宿费和公杂费等各项费用
驻场补贴	为保障项目人员外出驻场工作与生活需求，咨询企业发放的补助费

4.2.1.2 人力成本的四个等级划分

在人力资本研究领域，一般根据个人完成特定工作的努力、组织管理能力以及资源配置能力等因素，对人力资本进行分类。在工程造价咨询企业，参照这样的分类标准，根据对企业业绩的贡献和工作努力的观测难度，可以将人力资本分为三大类，如图 4-3 所示。

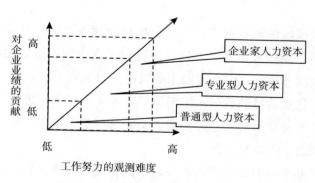

图 4-3 人力资本分类

普通型人力资本指的是企业中具备一般的劳动能力，以体力或常规劳动为主的人力资本。这类人力资本从事的工作任务明确，所需知识比较普通，具有规范的操作程式，如工程造价咨询企业中行政管理部门的一般工作人员等。本书将这类人员定义为助理人员（从事项目工作的其他非注册从业人员）。

专业型人力资本在工程造价咨询企业中处于骨干地位，属于知识型员工，要负担创新工作，如经营管理、项目咨询等，主要以智力和创造性劳动为主。工程造价咨询企业提供给社会的产品是智力成果，产品的实现和质量的优劣依赖于专业型资本的创新劳动，是典型的知识企业，正如管理学大师德鲁克所分析的，"它以知识为基础，由各种各样的专家组成。这些专家根据来自同事、客户和上级的大量信息，自主决策、自我管理"。课题组将这类人员定义为专业技术人员（从事项目工作的非经理级人员）和专业经理级人员（专业经理或副经理等项目管理人员）。这两类人员都会运用专业造价知识进行项目的咨询服务，只是参与的深度和层级有所区别。

企业家人力资本是指工程造价咨询企业中的高层领导。课题组将这类人员定义为项目经理级人员（部长、项目经理等项目管理人员）。工程造价咨询企业的这类人员由于企业组织架构的不同，具体参与项目咨询的程度会有所不同：有些不会参与具体的项目咨询服务，但会进行咨询成果的质量把控；有些则还会参与具体的项目咨询。

人力资本作为特殊的生产要素，其掌握的知识、技术，表现出的先进的生产力和管理能力，成为决定工程造价咨询企业优劣的关键因素。三类人力资本在造价咨询服务提供过程中，都会有所贡献，而企业为此承担着相应的支出。

因此，在课题的调查问卷中，区分项目经理级人员、专业经理级人员、专业技术人员、助理人员四个不同职级进行了人力资本的数据收集和分析。表4-3为调查问卷中，咨询企业四个职级的项目人员（直接参与工程造价咨询业务工作）构成数量的数据采集问题。表4-4是四个职级的人力成本数据收集的问题。区分职级的材料设备费、企业管理费、税费、风险费的归集数据收集详见附录2的调查问卷。

本章主要基于问卷确定咨询服务成本的构成及包含内容，具体的数据收集及分析详见第7章。

表 4-3　区分职级的项目人员构成数量的问卷

单位：人

职级　　　　　　　　　　　数据采集类型	构成数量
项目经理级人员（部长、项目经理等项目管理人员）	
专业经理级人员（专业经理或副经理等项目管理人员）	
专业技术人员（从事项目工作的非经理级人员）	
助理人员（从事项目工作的其他非注册从业人员）	

表 4-4　区分职级的项目人员人力成本数据收集的问卷

单位：万元

职级　　　　　　　　　　　　　　年份	2017	2018	2019
项目经理级人员（部长、项目经理等项目管理人员）人力成本			
专业经理级人员（专业经理或副经理等项目管理人员）人力成本			
专业技术人员（从事项目工作的非经理级人员）人力成本			
助理人员（从事项目工作的其他非注册从业人员）人力成本			

4.2.2　材料设备费

材料设备费是指工程造价咨询企业为造价咨询活动耗用的外购材料及设备的费用，初步定义其具体包含的内容如下：

（1）设备费：咨询活动中必要的计算机、打印复印设备、专业软件、通信网络设备费。

（2）材料费：咨询活动中购买的纸张材料、办公材料费用。

关于上述初步确定的材料设备费包含的内容，课题组通过调查问卷予以调查，并且设置了一个开放式问题，见问卷的部分截图（见图 4-4），该问题用于补充完善材料设备费的包含内容。

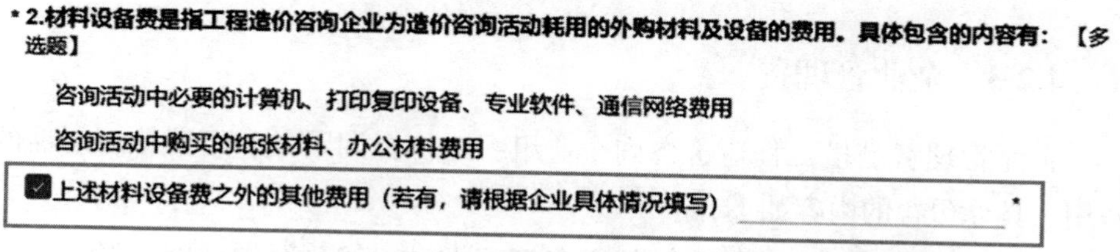

* **2.材料设备费是指工程造价咨询企业为造价咨询活动耗用的外购材料及设备的费用。具体包含的内容有：【多选题】**

　　咨询活动中必要的计算机、打印复印设备、专业软件、通信网络费用

　　咨询活动中购买的纸张材料、办公材料费用

☑ 上述材料设备费之外的其他费用（若有，请根据企业具体情况填写）　　　　　　　　　 *

图 4-4　调查问卷的材料设备费的包含内容的开放问题截图

237 份回收的问卷关于材料设备费的 2 个构成内容的勾选情况及开放问题填写份数、填写情况如表 4-5 所示。

表 4-5　材料设备费构成的问卷填写情况

单位：份

材料设备费	设备费	材料费
未勾选份数	0	4
开放问题填写份数	15	
开放问题填写情况	现场踏勘仪器、汽车、办公家具、打印装订费用、软件费、工具书购置费、快递费、车辆维修费、水电气费、物业费、空调设备	

对于"开放问题填写情况"分析如下：

（1）已包含在材料设备费中：打印装订费用、软件费。

（2）已包含在企业管理费中：汽车、办公家具、快递费、车辆维修费、水电气费、物业费。

（3）可以完善材料设备费的构成内容：现场踏勘仪器、工具书购置费、空调设备。

根据表 4-5，填写了（1）和（2）情况的问卷，由于未详细阅读问卷的填写说明和题干，与材料设备费和企业管理费包含的内容存在费用重合，被判为无效问卷。根据（3）的填写对材料设备费构成及包含内容进行完善，最终确定材料设备费的构成及包含内容如表 4-6 所示。

表 4-6　材料设备费的最终构成及包含内容

构成	包含内容
设备费	咨询活动中必要的计算机、打印复印设备、现场踏勘仪器、专业软件、通信网络设备费、空调设备
材料费	咨询活动中购买的纸张材料、办公材料费用、工具书购置费

4.2.3　企业管理费

企业管理费是指工程造价咨询企业组织造价咨询服务和经营管理所需的费用。具体包含的内容如下：

（1）企业管理人员（年薪制的企业管理人员，如总经理、副总经理、部门经理等）费用：工薪费用、奖金和津贴、医疗保险费、失业保险费、养老保险费、工伤保险费、生育保险费、住房公积金、企业补充保险费。

（2）人事、后勤等行政人员费用：工薪费用、奖金和津贴、医疗保险费、失业保险费、养老保险费、工伤保险费、生育保险费、住房公积金、企业补充保险费。

（3）办公费：咨询企业的日常管理费用，主要包括企业购置的办公用品费用、企业会议费、资产的折旧、低值易耗品摊销、办公场地租金、物管费用、水电费、通信费、车辆使用费、会务费、工会经费、招聘费、管理部门的对外协调费用等。

（4）注册费：未包含在人力成本和管理人员及行政人员薪酬中，咨询企业单独发放的本企业造价工程师注册费，包括考试等相关费用（若有）。

（5）培训费：咨询企业为员工学习先进技术和提高业务水平而发生的学习费、培训费、造价人员参加继续教育等费用。

（6）企业差旅费：企业人员（不含项目人员）因企业管理运营外出支付的交通费、住宿费和公杂费等各项费用。

（7）营销费：咨询企业开拓业务的费用，包括营销人员（含招投标人员）薪酬（含工薪费用、奖金和津贴、医疗保险费、失业保险费、养老保险费、工伤保险费、生育保险费、住房公积金、企业补充保险费）、企业广告宣传费、投标费用、市场拓展费用等。

（8）研发费用：咨询企业为了提升企业服务质量和水平，进行新技术研究、开发和运用发生的费用。

（9）其他费用：咨询企业组织造价咨询服务和经营管理所产生的其他与企业管理有关的费用，如需向各级管理单位交纳的企业会费、个人会费、企业团建活动费用；员工节日慰问品、员工工作餐、年体检等福利费用；发放给员工的工作服、洗衣粉、防暑降温用品等费用。

关于上述初步确定的企业管理费包含的内容，课题组通过调查问卷予以调查，并且设置了一个开放式问题，见问卷的部分截图（见图 4-5），该问题用于补充完善企业管理费的包含内容。

237 份回收的问卷关于企业管理费的 9 个构成内容的勾选情况及开放问题填写份数、填写情况如表 4-7 所示。

* 3. 企业管理费是指工程造价咨询企业组织造价咨询服务和经营管理所需的费用。具体包含的内容有：【多选题】

　　管理人员（年薪制的企业管理人员，如总经理、副总经理、部门经理等）费用（含工薪费用、奖金和津贴、医疗保险费、失业保险费、养老保险费、工伤保险费、生育保险费、计提的各种公积金）

　　人事、后勤等行政人员费用（含工薪费用、奖金和津贴、医疗保险费、失业保险费、养老保险费、工伤保险费、生育保险费、计提的各种公积金）

　　办公费（咨询企业的日常管理费用，主要包括企业购置办公用品、企业会议费、资产的折旧、低值易耗品摊销、办公场地租金、物管费用、水电费、通信费、车辆使用费、会务费、工会经费、招聘费、管理部门的对外协调费用等）

　　注册费（未包含在人力成本和管理人员及行政人员薪酬中，咨询企业单独发放的本企业造价工程师职业资格注册费用，包括考试等相关费用（若有））

　　培训费（咨询企业为员工学习先进技术和提高业务水平而发生的学习费、培训费、造价人员参加继续教育等费用）

　　企业差旅费（企业人员（不含项目人员）因企业管理运营外出支付的交通费、住宿费和公杂费等各项费用）

　　营销费（咨询企业开拓业务的费用，包括营销人员（含招投标人员）薪酬（含工薪费用、奖金和津贴、医疗保险费、失业保险费、养老保险费、工伤保险费、生育保险费、计提的各种公积金）、企业广告宣传费、投标费用、市场拓展费用等）

　　研发费用（咨询企业为了提升企业服务质量和水平，进行新技术研究、开发和运用发生的费用）

　　其他费用（咨询企业组织造价咨询服务和经营管理所产生的其他与企业管理有关的费用，如需向各级管理单位交纳的企业会费、个人会费、企业团建活动费用、年体检福利费用等）

■ 上述企业管理费之外的其他费用（若有，请根据企业具体情况填写）_____ *

图 4-5　调查问卷的企业管理费的包含内容的开放问题截图

表 4-7　企业管理费构成的问卷填写情况

单位：份

企业管理费	管理人员费用	行政人员费用	办公费	注册费	培训费	企业差旅费	营销费	研发费用	其他费用
未勾选份数	3	12	2	24	17	11	53	138	30
开放问题填写份数	8								
开放问题填写情况	企业管理软件开发或购买、造价协会会员费、办公室设计费、办公室装修费、无形资产摊销、慈善费、律师诉讼费、工会经费、公益活动费、专家评审费用、履约保证费用、询价网站注册费或会员费、自购办公场所的财务成本、职业资格补贴								

对于"开放问题填写情况"分析如下：

（1）已包含在企业管理费中：造价协会会员费、工会经费。

（2）已包含在风险费中：律师诉讼费。

（3）可以完善企业管理费的内容构成：企业管理软件开发或购买、办公室设计费、办公室装修费、无形资产摊销、慈善费、公益活动费、专家评审费用、履约保证费用、询价网站注册费或会员费、自购办公场所的财务成本。

（4）注册费定义为职业资格补贴更为合理。

根据表 4-7，填写了（1）和（2）情况的问卷，由于未详细阅读问卷的填写说明和题干，与企业管理费和风险费包含的内容存在费用重合，被判为无效问卷。根据表 4-1 分析的第（3）种情况和表 4-7 分析的第（3）种情况对企业管理费构成及包含内容进行完善，最终确定企业管理费的构成及包含内容如表 4-8 所示。

表 4-8　企业管理费的最终构成及包含内容

构成	包含内容
管理人员费用	工薪费用、奖金和津贴、医疗保险费、失业保险费、养老保险费、工伤保险费、生育保险费、住房公积金、企业补充保险费
人事、后勤等行政人员费用	工薪费用、奖金和津贴、医疗保险费、失业保险费、养老保险费、工伤保险费、生育保险费、住房公积金、企业补充保险费
办公费	咨询企业的日常管理费用，主要包括企业管理软件开发或购买、购置办公用品、企业会议费、资产的折旧、无形资产摊销、低值易耗品摊销、自购办公场所的财务成本、办公场地租金、办公室设计费、办公室装修费、物管费用、水电费、通信费、车辆使用费、会务费、工会经费、招聘费、管理部门的对外协调费用等
职业资格补贴	未包含在人力成本和管理人员及行政人员薪酬中，咨询企业单独发放的本企业造价工程师职业资格补贴，包括考试等相关费用（若有）
培训费	咨询企业为员工学习先进技术和提高业务水平而发生的学习费、培训费、造价人员参加继续教育等费用
企业差旅费	企业人员（不含项目人员）因企业管理运营外出支付的交通费、住宿费和公杂费等各项费用
营销费	咨询企业开拓业务的费用，包括营销人员（含招投标人员）薪酬（含工薪费用、奖金和津贴、医疗保险费、失业保险费、养老保险费、工伤保险费、生育保险费、住房公积金、企业补充保险费）、企业广告宣传费、投标费用、市场拓展费用等

构成	包含内容
研发费用	咨询企业为了提升企业服务质量和水平，进行新技术研究、开发和运用发生的费用
其他费用	咨询企业组织造价咨询服务和经营管理所产生的其他与企业管理有关的费用，如专家评审费用、履约保证费用、需向各级管理单位交纳的企业会费、个人会费、询价网站注册费或会员费、企业团建活动费用、年体检、旅游费用、节日津贴、防暑降温费、住房补贴等福利费用、慈善费、公益活动费

4.2.4 税费

初步确定工程造价咨询企业需要缴纳的税费具体包含的内容：

（1）增值税及增值税附加税；

（2）企业所得税；

（3）上述企业税费之外的其他税费（如房产税）。

关于上述初步确定的税费包含的内容，课题组通过调查问卷予以调查，并且设置了一个开放式问题，见问卷的部分截图（见图4-6），该问题用于补充完善税费的包含内容。

*4.企业缴纳的税费具体包括：【多选题】

增值税及增值税附加税

企业所得税

☑ **上述企业税费之外的其他税费（如房产税，请根据企业具体情况填写）** _____ *

图4-6 调查问卷的税费的包含内容的开放问题截图

237份回收的问卷关于税费的3个构成内容的勾选情况及开放问题填写份数、填写情况如表4-9所示。

表4-9 税费构成的问卷填写情况

单位：份

税费	增值税及增值税附加税	企业所得税	其他税费（如房产税）
未勾选份数	2	8	14
开放问题填写份数	14		
开放问题填写情况	房产税、车辆购置税、城市维护建设税、教育费附加、印花税、车船税、残疾人就业保障金、土地使用税		

对于"开放问题填写情况"分析如下：

（1）房产税：如果公司有自有房产才需要缴纳，如果是租赁的，办公场地租金考虑在企业管理费中。

（2）车辆购置税：如果公司当年有购买新车就需要缴纳。

（3）印花税：造价咨询公司日常签订的造价咨询合同不缴纳，但是营业执照、账簿等需要贴花缴纳。

（4）车船税：公司有车辆固定资产就需要缴纳。

（5）残疾人就业保障金：需要缴纳。

（6）土地使用税：如果公司占用土地需要缴纳。

根据表 4-9，在对其他税费补充的情况下，最终确定税费的构成及包含内容如表 4-10 所示。

表 4-10　税费的最终构成及包含内容

构成	包含内容
增值税及增值税附加税	
企业所得税	
其他税费	房产税、车辆购置税、印花税、车船税、残疾人就业保障金、土地使用税

4.2.5　风险费

风险费是指工程造价咨询业务工作的各项风险成本费用。初步定义其具体包含的内容如下：

（1）现场踏勘或全过程造价管控现场出现的人员意外引发的风险赔偿。

（2）员工职业道德引起的风险赔偿。

（3）咨询委托方资金原因引起的收入风险。

（4）被诉讼引致的诉讼费、律师费、赔偿费等。

（5）上述风险费之外的其他风险费。

关于上述初步确定的风险费用包含的内容，课题组通过调查问卷予以调查，并且设置了一个开放式问题，见问卷的部分截图（见图 4-7），该问题用于补充完善风险费用的包含内容。

* 5.风险费是指工程造价咨询业务工作的各项风险成本费用。具体包含的内容有： 【多选题】

☐ 现场踏勘或全过程造价管控现场出现的人员意外引发的风险赔偿

☐ 员工职业道德引起的风险赔偿

☐ 业主资金原因引起的收入风险

☐ 被诉讼引致的诉讼费、律师费、赔偿费等

☐ 上述风险费之外的其他风险费（若有，请根据企业具体情况填写）　　　　　　　*

图 4-7　调查问卷的风险费包含内容的开放问题截图

237 份回收的问卷关于风险费的 4 个构成内容的勾选情况及开放问题填写份数、填写情况如表 4-11 所示。

表 4-11　风险费构成的问卷填写情况

单位：份

风险费	造价人员风险	咨询委托方资金风险	职业道德风险	诉讼风险
未勾选份数	55	69	110	128
开放问题填写份数	6			
开放问题填写情况	咨询委托方原因未付款；咨询委托方要求重新审计；咨询委托方管理水平低及设计水平差造成的多次返工多次计价；职工个人原因突然离职；人员培养后离职；保险费；咨询人员变更或不到位导致合同履约罚金的风险；因施工方与咨询委托方就咨询成果达不成一致，一方或双方诉讼导致咨询费无法收取的风险。 员工职业道德引起的风险赔偿不应该由咨询委托方承担			

表 4-11 中，未勾选份数相对较多，说明并非所有的工程造价咨询企业都会面临全部的风险。对于"开放问题填写情况"分析如下：

（1）已包含在风险费中：咨询委托方原因未付款。

（2）咨询委托方要求重新审计、咨询委托方管理水平低及设计水平差造成的多次返工多次计价需要分析原因，通过合约管理予以解决，不属于风险费用。

（3）已包含在企业管理费中：职工个人原因突然离职、人员培养后离职、保险费。

（4）员工职业道德引起的风险赔偿，咨询企业的成本核算中可以体现此项费用，但作为咨询服务收费的咨询服务成本构成分析时，咨询委托方不应

该承担这项费用，故应删除此项费用。

（5）可以完善企业管理费的内容构成：咨询人员变更或不到位导致合同履约罚金的风险；因施工方与咨询委托方就咨询成果达不成一致，一方或双方诉讼导致咨询费无法收取的风险。

根据表 4–11，填写了（1）、（2）、（3）情况的问卷，由于未详细阅读问卷的填写说明和题干，被判为无效问卷。并且，据此可判断：问卷初设的风险费用构成及包含内容是完整全面的，因此，最终确定风险费的构成及包含内容如表 4–12 所示。

表 4–12　风险费的最终构成及包含内容

构成	包含内容
造价人员风险	现场踏勘或全过程造价管控现场出现的人员意外引发的风险赔偿
合同履约风险	咨询人员变更或不到位导致的合同履约罚金的风险
咨询委托方资金风险	咨询委托方资金原因引起的收入风险；因施工方与咨询委托方就咨询成果达不成一致，一方或双方诉讼导致咨询费无法收取的风险
诉讼风险	被诉讼引致的诉讼费、律师费、赔偿费等

4.3　工程造价咨询服务成本的影响因素

从工程造价咨询活动本身的内在规律进行分析，讨论影响咨询服务成本及咨询成果质量认可度的影响因素。这一类影响因素可以归结为咨询服务的工作因素。

同时，咨询公司所处地区的经济环境（如地区的经济发展水平、物价水平等）也是重要的影响因素。这一类影响因素可以归结为咨询服务的环境因素。

工作因素是影响咨询服务成本的主要因素，环境因素是影响咨询服务成本的重要影响。

4.3.1　咨询服务的工作因素

4.3.1.1　咨询项目客体的状况

咨询项目是咨询服务活动的对象。咨询项目的类型、复杂程度、规模大小、咨询业务的内容要求对咨询服务工作量有着重要的影响，进而影响咨询服务成本。

表 4–13 是调查问卷中，对应《工程造价咨询企业服务清单》（CCEA/GC 11–2019）编码 A003 项目建议书编制服务项目的 7 份有效问卷的数据信息。

表 4–13　7 个项目建议书编制服务项目数据信息

序号	项目规模（平方米）	项目类型	合同约定时长（天）	实际服务时长（天）	项目投资额（万元）	咨询合同金额（万元）
1	4500	房屋与建筑工程	20	10	750	0.8
2	3000	房屋与建筑工程	30	27	1200	1.5
3	12344	房屋与建筑工程	50	36	1080	5.62
4	46000	房屋与建筑工程	40	40	7000	10
5	69938	房屋与建筑工程	70	66	12589	22.96
6	11000	市政工程	7	7	951.76	1.71
7	8200	市政工程	20	20	924.35	2.86

总的来说，相同项目类型的项目建议书编制服务，规模越大，项目投资额越大，服务时长越长，咨询合同的金额就越高（咨询服务成本相应越高）。

（1）咨询合同的金额主要受项目投资额的影响（源于目前的造价咨询服务收费主流方法：差额定率累进法，详见第 6 章的论述）。

（2）项目规模会影响工作量，从而影响咨询服务成本投入，影响收费。例如，表 4–13 中序号为 2 和 3 的建议书编制服务项目，项目 2 的投资额比项目 3 多一些，但项目 2 的项目规模却比项目 3 小很多，因此，项目 3 的咨询合同金额比项目 2 的咨询合同金额高出许多。

（3）不同的项目类型咨询服务成本会不同。表 4–13 中，市政工程比房屋与建筑工程的咨询合同金额高。同样是项目建议书编制，项目投资额 900 万元的市政工程造价咨询服务收费比 1200 万元的房屋与建筑工程造价咨询服务收费高。

4.3.1.2 咨询服务工作程序

咨询服务工作程序是指咨询企业（可具体为咨询服务项目组）为达到咨询服务目标所采取的所有工作步骤和工作方法。咨询服务工作程序既是保证咨询服务目标实现的手段，也是咨询服务成本的重要影响因素。

4.3.1.3 咨询企业的资源配置及其利用效率

咨询公司的专业资源状况及其整合利用效率是影响咨询服务成本最直接、最重要的因素，受到咨询公司的等级、规模、人员素质结构的影响，进而影响咨询服务成本。

依据回收的有效问卷的企业三年平均营业收入将被调查对象分为大型、中型、小型、微型企业，如表 4-14 所示。四类企业 5 类成本占比如图 4-8~图 4-11 所示。

表 4-14 问卷调查的大型、中型、小型、微型企业构成情况

单位：万元 / 年，家，%

序号	企业规模	营业收入区间	数量	占比
1	大型	2000 以上（含）	15	9.20
2	中型	1000 以上（含）2000 以下（不含）	42	25.77
3	小型	500 以上（含）1000 以下（不含）	40	24.54
4	微型	500 以下（不含）	66	40.49

图 4-8~图 4-11 可以看出，不同规模的工程造价咨询企业的 5 类成本构成比例虽不尽相同，但绝大多数成本都来自于人力成本和企业管理费，这与工程造价咨询行业的智力密集型特点相适应。

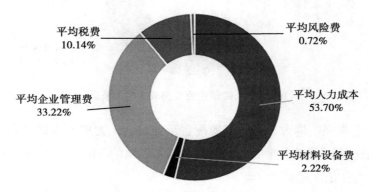

图 4-8 大型企业 5 类成本构成情况

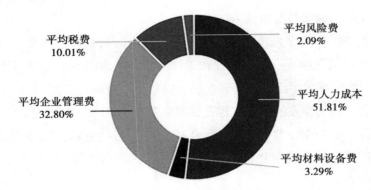

图 4-9　中型企业 5 类成本构成情况

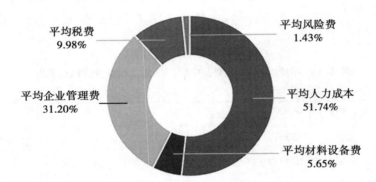

图 4-10　小型企业 5 类成本构成情况

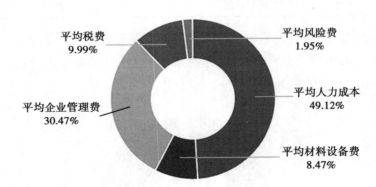

图 4-11　微型企业 5 类成本构成情况

（1）企业规模越大，人力资源配置越充足，人力成本占比越高。人力成本的构成比例，大型企业最高，达到总成本占比的 53.70%，中型、小型、微型企业的占比依次递减。

（2）企业规模越大，企业的运行管理更程序制度化，企业管理的投入就越高。企业管理费的构成比例，大型企业最高，达到总成本占比的 33.22%，中型、小型、微型企业的占比依次递减。

相较于中小微企业，大型企业的人力成本及企业管理费的投入都更高，相对应的咨询服务成本也更高，收费也就更高，但其提供的咨询服务的质量相应更能得到保障，大型企业的风险费占比仅为 0.72% 就能有效佐证这一实践结论。

4.3.1.4　咨询质量

咨询服务成本与咨询质量之间存在着正相关关系，也就是说，降低咨询质量肯定可以减少咨询服务成本，但是，减少咨询服务成本必然增加咨询风险。此处的咨询风险既指 4.2.5 节风险费中定义的风险，也指咨询服务质量不被咨询委托方认可或认可度偏低的风险。

4.3.2　咨询服务的环境因素

4.3.2.1　行业的发展水平

从竞争的角度来说，社会各行业之间是一个动态竞争的过程。动态竞争的结果是各行业之间均只能获得社会平均的利润率。如果行业发展水平比较低，则本行业会停留在低层次的生产和经营状态，成本控制将难以下降。

我国的工程造价咨询业目前大多处于发展阶段，越来越重视内控制度、信息化、指标库、价格库、标准库的建设。因此，造价咨询服务成本在一定时期会处于一个相对较高的水平。随着行业的逐步成熟，企业的运行、管理机制的成熟，成本会逐步下降，趋于平稳。

4.3.2.2　咨询技术的发展水平

咨询服务的过程中可以采用不同的咨询工具，如计量计价软件、BIM 技术、技术经济指标体系、数据库、GIS、无人机、GPS、AI、红外线等。咨询工具反映了咨询工作的专业技术含量，影响咨询服务效率，也会影响咨询服务成本。

我国的工程造价咨询业目前在新技术的使用方面还需要加快与国际同步的步伐。基于 BIM+ 的智能造价咨询是大势所趋。虽然，在造价咨询中引入新技术会导致成本的增加，并且在技术发展阶段，企业的研发能力和实践能力的不同，差异会很大。但是，随着整个行业的技术发展的逐步成熟，最终的市场应该属于技术领先的技术改革先行者。彼时，技术发展水平导致的成本影响会趋于平稳。

4.3.2.3 地区经济水平

地区经济发展水平越高，整体的物价水平越高，咨询公司的运行成本越高，开展各项咨询服务的费用开支越大，咨询服务成本会越高。

将回收的有效问卷按照国家统计局《东西中部和东北地区划分方法》进行划分，覆盖地域有东部地区（北京、上海、天津、浙江、福建、广东、山东、海南）、中部地区（安徽、湖北、江西、山西）、西部地区（四川、新疆、内蒙古）和东北地区（黑龙江、吉林），四类地区问卷回收数量情况如表4–15所示。

表4–15 四类地区问卷回收情况

覆盖地域	有效问卷数量	问卷占比	饼图
东部地区	21 份	12.88%	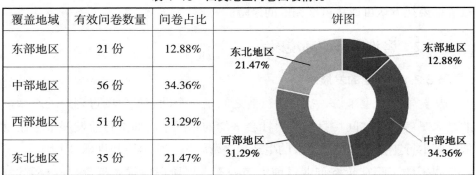
中部地区	56 份	34.36%	
西部地区	51 份	31.29%	
东北地区	35 份	21.47%	

东部、中部、西部和东北地区的成本数据进行横向对比，如图4–12所示。

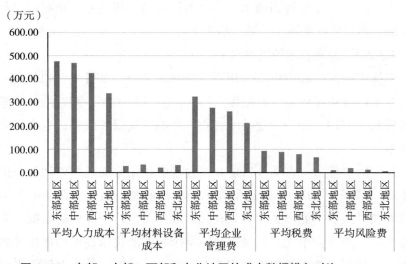

图4–12 东部、中部、西部和东北地区的成本数据横向对比

东部地区回收了 21 份有效问卷，企业 3 年平均成本为 871.27 万元，其中，平均人力成本 476.20 万元，平均材料设备费 29.08 万元，平均企业管理费 326.41 万元，平均税费 93.74 万元，平均风险费用 10.29 万元。

中部地区回收了 56 份有效问卷中，企业 3 年平均成本为 949.73 万元，其中，平均人力成本 469.52 万元，平均材料设备费 36.55 万元，平均企业管理费 279.94 万元，平均税费 90.16 万元，平均风险费用 19.42 万元。

西部地区回收了 51 份有效问卷，企业 3 年平均成本为 794.85 万元，其中，平均人力成本 426.06 万元，平均材料设备费本 22.56 万元，平均企业管理费 262.47 万元，平均税费 80.92 万元，平均风险费用 13.48 万元。

东北地区回收了 35 份有效问卷，企业 3 年平均成本为 635.65 万元，其中，平均人力成本 340.96 万元，平均材料设备费本 34.37 万元，平均企业管理费 213.62 万元，平均税费 66.26 万元，平均风险费用 5.74 万元。

东部地区和中部地区企业 3 年平均成本高于西部地区和东北地区，平均成本呈现由东部和中部向西部和东北递减的态势。在平均人力成本中，东部地区和中部地区居前两位，西部和东北地区依次小幅度递减，中部地区和东北地区平均材料设备成本高居前两位，东部地区平均企业管理费最高，四类地区平均税费比例大体相当，中部和西部地区平均风险费高于东部和东北地区。

东部地区和中部地区受其物价水平和人力资源价格水平的影响，平均人力成本高于西部和东北地区，且因其便利的交通和不断加快的城市化进程，越来越多的工程造价咨询企业正在稳定发展，企业需要支出更多的企业管理费以便形成规模，增加企业的稳定性；西部地区的工程造价咨询企业处于快速发展阶段，风险费支出较高，咨询服务的成熟度有待提高；东北地区受产业流出影响严重，虽然运营成本低，但市场竞争力依然不足，加上东北地区城市化进程较为缓慢，工程造价咨询企业发展速度较慢。

通过以上分析可以看出，工程造价咨询企业的咨询服务成本受地区经济发展水平的影响，东部地区和中部地区的咨询服务成本最高，西部次之，东北地区最低。

第5章 基于服务质量的咨询服务收费形成机制

工程造价咨询服务收费是指工程造价咨询企业接受社会委托，从事投资估算、工程概算、工程量清单、招标控制价、工程预算、工程结算、竣工决算的编制与审核，建设项目各阶段、全过程的工程造价控制等与工程造价业务有关的咨询服务，并出具工程造价咨询成果文件等业务活动所收取的费用。

工程造价咨询服务收费是咨询服务价值的货币表现，它是咨询企业将其咨询服务投向市场的体现，同时也是咨询企业开展咨询服务的经济条件，是咨询服务商品化的体现。

咨询企业依靠自身的专业技术、知识和技能帮助咨询委托方解决工程造价管理问题。咨询企业这种创造性的咨询服务成果，必定要通过咨询双方的交易转让来实现其价值，随着这种服务交易的进行，最终咨询服务通过其价格表现出来，这就是咨询服务收费。

基于工程造价咨询服务特点的分析和定价理论的论述，课题组认为成本导向的定价方式适用于成熟发展的知识密集型服务，感知价值的定价方式能够从咨询委托方角度出发，更好地反映咨询服务的价值，但很难量化。成本导向的定价方式的局限性，可以通过将成本与创造出的价值相联系来予以消除。由于咨询委托方与工程造价咨询企业的效用函数不一致，必须制定有效的标准来规范行业的服务与收费，平衡双方之间的利益矛盾，维护双方的合法利益。如何建立成本与价值之间的联系？本书尝试引入《工程造价咨询企业服务清单》（CCEA/GC 11-2019），通过"服务标准"搭建成本、价值与质量之间的桥梁。

在上述理论分析及观点表达的基础上，工程造价咨询服务收费的形成机制可以阐述为：咨询服务收费是在控制咨询风险和保证咨询质量的前提下，在咨询服务成本的基础上，考虑利润予以最终确定。但咨询业务的利润受地域环境（竞争程度）、咨询委托方管理水平（理解认可咨询服务质量的能力）的影响，是两方主体博弈的结果，属于市场行为。

5.1　工程造价咨询服务的特点

工程造价咨询服务，是指工程造价咨询企业接受社会委托，完成建设项目工程造价确定与造价控制，并收取相应咨询服务费用的活动。要想分析咨询服务的收费，首先需要了解咨询服务的特征。工程造价咨询作为知识型服务产品，不仅具有知识产品的性质，而且具备咨询产品的特殊性质。

5.1.1　智力性

工程造价咨询企业属于智力服务型企业，造价咨询活动的智力性是其最基本的特点。咨询服务是咨询人员创造性劳动的成果，咨询服务成果的价值中，物质资料的转移价值所占的比重不大，绝大部分是咨询人员的智力性劳动价值。工程造价咨询企业提供的是辅助决策过程管理服务，其咨询活动既不同于工程建设项目相关利益方的直接投资活动，也不同于承包商的直接生产活动。它只是在工程项目建设过程各个阶段中，利用自己项目建设方面的知识、技能和经验为咨询委托方提供与工程建设项目造价相关的咨询服务，以满足咨询委托方对项目造价管理的需要。

5.1.2　个性化

没有完全相同的两个工程项目，即使是十分相似的项目，在时间、地点、材料、设备、人员、自然条件以及其他外部环境等方面，也会存在差异。工程造价咨询企业在项目决策和实施过程中，必须从实际出发，结合项目的具体情况，因地制宜地处理和解决工程项目实际问题。即使面对同一个项目，不同的委托咨询方，不同的咨询要求，不同的项目承包方，都会让造价咨询服务面临不同的造价管理情形从而提供不同的咨询方案和解决方法。

5.1.3　一次性

工程造价咨询一次性的特点来源于工程项目建设的一次性属性。由于每一个咨询项目都是非标准、个性化的，且建设过程具有不可逆性（返工意味着进度拖延，成本超额），因此，对建设过程的造价咨询服务也需要准确，避免反复。

5.1.4 公共性

工程造价咨询企业的服务对象是面向公众的，它可以是项目投资的出资者，也可以是工程承包商。建设项目各个阶段的建设工程合同主体都可能在工程造价咨询业务范围需要专业的帮助。造价咨询已成为业界常态。

5.1.5 服务性

工程造价咨询服务具备一般服务产品的基本特征，诸如不可感知、异质性、不可分割性以及不可储存性等产品特征。咨询服务提供的不是实物产品，因而具有无形性，虽然最后形成的表格、报告具有一定的形式，但提供服务的过程中，质量难以观察，属于典型的信任品和后验品。咨询委托方在委托咨询服务之前难以识别服务提供方的专业胜任能力，在委托之后，也较难专业感知服务质量的真实价值。

5.1.6 质量的不确定性

咨询服务依照咨询委托方的需求，量身定做。咨询人员的能力各不相同，同时咨询服务的效用评价或者说是质量的好坏除了与咨询人员的专业能力与经验积累有关外，也依赖于咨询委托方的素质能力（体现为咨询方提供咨询服务的过程中，咨询委托方的配合、判断及授权）。造价咨询专业能力的参差不齐和咨询委托方的配合及信任授权程度使咨询服务具有质量不确定的性质。

5.1.7 风险性

造价咨询服务过程是一个探索、创新的过程，在服务过程中会遇到种种难以预料的阻碍因素导致服务达不到咨询委托方预期的需求。这使咨询服务具有一定的风险性，这一风险系数的确定也因咨询项目的不同而不同，这同样使得咨询服务价格难以确定。

由咨询服务的特征可以看出，咨询服务最主要的特征是个性化的知识服务型智力服务，咨询服务成果的价值绝大部分是咨询人员的智力性劳动价值，而智力性劳动的价值又远远大于一般劳动的价值，并且由于智力劳动具有抽象性特点，这使得工程造价咨询服务定价具有一定的难度，很难做出统一的定价规定。

此外，咨询服务质量的不确定性会导致委托达成的复杂性。造价咨询服务成果的交易要比一般商品的交易复杂，这是因为咨询服务是无形的，咨询委托方无法对各个工程造价咨询企业的服务质量、咨询成果水平、咨询研究进度进行全面的掌控。如果将咨询服务视为"知识、经验"的传递，那么只有咨询委托方认可"知识、经验"的价值，相信咨询服务有助于解决自身面对的造价管理问题，咨询委托方才有可能接受此项咨询服务。因而咨询委托方对咨询企业的选择会比较慎重。

另外，由于咨询服务成果发挥价值水平的高低与咨询委托方有着直接的关系。咨询委托方的授权、对咨询增值服务的理解和认可度、合同履行的顺畅度对造价咨询服务的投入有很大的影响。因此，咨询企业出于能否顺利提供咨询服务的考虑，也会慎重地对咨询委托方作一个事先的专业判断。

咨询方与咨询委托方的慎重态度使得咨询项目委托达成会比较复杂，也会影响咨询服务的定价。应该从造价咨询的两方主体入手，探讨收费形成机制的主体行为。

因此，深入分析工程造价咨询服务特点后发现：咨询服务的价值量化及咨询服务质量的不确定性对收费的影响是咨询服务收费形成机制的分析中需要解决的两个关键问题。

5.2　咨询服务定价理论

将咨询企业咨询服务收费定价的基础比作一个三角凳，它的三条腿分别是咨询企业承担的成本、面临的竞争以及咨询委托方感知的服务价值。通常情况下，咨询公司在某项服务上需要回收的成本构成其最低价格，或称为价格底线；而咨询委托方对于该服务带来的价值感知则构成其最高价格，或称为价格上限；由竞争者提供的相似或者替代性服务的价格决定了在价格底线与价格上限之间的价格范围内该咨询服务的定价空间。另外，地域环境、咨询企业的规模和发展定位、咨询委托方管理水平等因素也会影响服务价格的浮动空间（这将在本章 5.6 节中进行论述）。

对于咨询服务有三种定价方式：成本导向、竞争导向及感知价值。

5.2.1 成本导向的定价

成本导向定价方式的理念是：使服务企业的资源消耗得到充分补偿并获得一定的利润，通常对无形服务产品的成本计算要比实体产品成本的计算复杂得多，服务人员的时间成本和单位价格难以确定；同时，成本导向定价会忽视消费者及市场的需求，不考虑市场竞争和市场价格的波动，这会造成服务价格与公司定价目标和战略相脱节的情况。

成本导向定价的计算相对简单，适用于知识标准化程度较高的服务行业。在按劳取酬的传统规则仍被大多数人所接受，服务为顾客带来的价值又难以量化的情况下，很多企业采用以成本为导向的定价方式。

5.2.2 竞争导向的定价

基于竞争的定价理念是：根据市场竞争状况确定服务价格。提供同质化或质量难以区分高低的服务企业会尤其注重竞争对手的定价状况，将其作为自己定价的重要参照。

当咨询委托方在相互竞争的服务间看不到或者仅能够发现细微差别，他们会选择便宜的报价。竞争导向的定价相对较低往往源于以下四种情况：①竞争者数目的增加；②可替代的服务数量增加；③竞争者和替代性服务的分销更为广泛；④行业中的剩余生产能力增加。当以下四种情况出现时，竞争导向的定价相对较高：①使用竞争性替代产品的非价格成本很高；②人际关系能产生影响；③转换产品的成本很高；④时间和地点的特定性降低了选择范围。

竞争导向定价的好处在于可以快速让咨询服务企业市场份额提升，缺点在于忽视咨询委托方需求和自身成本；同时不能从价格上反映服务质量的差别，极大地限制了咨询服务增值价值的体现动力，易造成恶性竞争，扰乱行业秩序。随着竞争对手价格变化做出反应的咨询企业会面临定价过低的风险。咨询企业应当充分考虑自己的咨询服务成本，包括企业管理、人力、设备材料、税费等财务成本以及风险成本，并评估时间和地点等因素，同时还要在决定自身的合理回应前对竞争者可能的咨询能力进行预估。

5.2.3 感知价值的定价

咨询服务的核心是咨询委托方，关注的是咨询委托方的体验，其目的是通过咨询委托方的满意和黏性换取企业的发展、持续的绩效改进和盈利，这就是说咨询企业需要关注咨询委托方如何感知服务带来的价值，以此为依据建立一个合理的价格。实际上，在任何服务中，咨询委托方做出委托决策的关键都是心理预估价值与服务实际价格之间的权衡，也就是感知价值。因而任何服务企业必须要充分从咨询委托方角度出发，提升咨询委托方的感知价值，才能够建立其核心竞争力，维持长期发展。

咨询企业为咨询委托方创造的价值才是企业的核心竞争力所在。企业核心竞争力的本质在于为咨询委托方提供更高的价值感知。但是价值的评判是主观的，并不是所有的咨询委托方都具有正确评估和评价他们所得到的服务的能力素质。

三种定价方式的优缺点如表 5-1 所示。

表 5-1　三种定价方式分析

定价方式	优点	缺点
成本导向的定价	计算相对简单，以一定价格来补偿成本使得企业保持相对稳定的经营水平并获取一定利润，适用于知识标准化程度高的行业	1. 忽视成本动态变化的复杂性； 2. 使市场高度透明化； 3. 忽视咨询委托方接受度以及竞争者的价格变化
竞争导向的定价	迅速帮助企业提高市场占有率	1. 忽视成本和顾客需求； 2. 恶性竞争会扰乱市场秩序，影响整个行业发展； 3. 难以反映服务质量，会限制专门或特殊性咨询服务
感知价值的定价	以咨询委托方为中心，更好地反映需求，是服务营销发展的趋势	1. 服务价值的衡量工作复杂； 2. 需要对市场中的潜在咨询服务需求进行调查分析，定价工作量很大

综上所述，成本导向的定价方式适用于成熟发展的知识密集型服务；竞争导向的定价方式则难以反映服务质量差异，容易造成恶意的服务价格竞争，企业缺乏核心竞争力，行业内服务日趋同质化，误导市场冷落"优质"，转而去追求"廉价"，因而对类似咨询类的专业服务存在很大的限制；感知价值的定价方式能够从咨询委托方角度出发，更好地反映咨询服务的价值，但很难量化。

成本导向的定价方式的局限性，可以通过将成本与创造出的价值相联系来予以消除。成本与价值原本无关，价值是由市场或者说是咨询委托方的接受度所决定的。而咨询委托方是不会理会一个服务产品的成本是如何构成的，市场只会为该服务产生的价值支付费用。

由于咨询委托方与工程造价咨询企业的效用函数不一致，所以必须制定有效的标准来规范行业的服务与收费，平衡双方之间的利益矛盾，维护双方的合法利益。如何建立成本与价值之间的联系？本书尝试引入《工程造价咨询企业服务清单》（CCEA/GC 11–2019），通过"服务标准"搭建成本、价值与质量之间的桥梁。

5.3 《工程造价咨询企业服务清单》的引入

经过二十多年的发展，造价咨询行业根据造价确定与控制的客观规律，已经建立了系统的服务规范。《建设工程造价咨询规范》（GB/T51095–2015）、《工程造价咨询企业服务清单》（CCEA/GC 11–2019）（以下简称《服务清单》）就是工程造价咨询业完成咨询任务、提供合格咨询产品的服务规范和质量标准。

《服务清单》1.0.3 款：签订工程造价咨询合同时，应在合同中明确工程造价咨询服务的服务项目、服务内容、服务质量和与之相应的服务价格。《服务清单》的这条规定给出了建立成本和价值关联度的实现路径。委托人的感知价值可以通过咨询企业提供服务的质量来对应，而服务质量会决定咨询服务的必要生产资料消耗和劳动消耗，间接地决定了造价咨询服务与之匹配的价格。

《服务清单》可理解为咨询服务的质量标准。《服务清单》的发布是为了规范工程造价咨询企业的服务行为，建立健全服务内容和服务标准，提高工程造价咨询行业水平，结合行业最新发展趋势和最新出台的相关法律、法规与规章制度规范化管理咨询服务项目、服务内容和服务质量。

实际上，课题要解决的问题已转化为：一定服务质量下，咨询服务如何确定收费的问题，即以《服务清单》为准绳，探讨《服务清单》下咨询服务收费的形成机制。

4.1 节中将工程造价咨询服务成本界定为：为满足咨询委托方的要求而付出的用货币测定的物化劳动和活劳动的耗费，是提供咨询服务所付出的经济价值。基于《服务清单》，工程造价咨询服务成本可定义为：委托人为取得服务清单中某项服务的工程造价咨询成果，工程造价咨询人提供这些成果而实际发生的成本。提供这些成果需完成的服务内容和达到的服务质量应按照《工程造价咨询企业服务清单》（CECA/GC 11-2019）执行。

5.4　市场定价理论的引入

2015 年，《国家发展改革委关于进一步放开建设项目专业服务价格的通知》（发改价格〔2015〕299 号），为贯彻落实党的十八届三中全会精神，按照国务院部署，充分发挥市场在资源配置中的决定性作用，决定进一步放开建设项目专业服务价格，实行市场调节价。

造价咨询服务收费已过渡为"咨询企业自行制定收费标准"，属性为市场调节价收费。在市场经济背景下，价格由市场竞争、供需关系所决定。竞争激烈、供大于求，则价格下跌；反之，求大于供，则价格上升。这种定价机制巧妙地实现了资源的优化配置。

工程造价咨询服务收费"市场化"的意义具体表现为：

（1）能维护市场正常秩序。

工程造价咨询企业提供的服务是建设活动的重要组成部分，贯穿建设活动的全过程，涉及建设活动各方当事人的权益，关系到建筑市场秩序和建设质量。与造价咨询的服务类型、服务内容、服务质量匹配的服务价格的确定应坚持市场主导，发挥市场对资源配置的决定性作用，通过竞争机制促使咨询企业合理收费，维护正常的咨询市场和营造良好的咨询行业环境。

咨询企业在服务过程中耗费的成本必然要通过收费转移给咨询委托方。显然，成本越高，价格也越高，咨询服务的成本决定其价格。但是，咨询服务价格最终还是要为咨询委托方所接受，因而咨询企业不能漫天要价。另外，咨询服务质量限制着咨询委托方是否愿意接受咨询企业对服务的报价，质量低而价格高的咨询服务难以成交，咨询服务成本虽然影响着服务价格，但其影响又不是无限制的，只有合理的咨询服务收费才有利于维护整个咨询市场的正常秩序。

（2）能鼓励先进。

造价咨询是基于专业技术的智力服务。技术创新、服务先进的工程造价咨询企业应该得到鼓励。以咨询服务成本作为制定价格的基础，才能在经营者间开展竞争，鼓励先进、鞭策后进。在造价咨询服务的市场竞争中，只有勇于创新、技术先进的企业可以领航整个造价咨询业，推动行业的发展。

（3）能引导咨询服务的优质优价。

商品的价格由生产商品所耗费的必要劳动时间即价值决定，同时受供求关系的影响。优质优价是从生产者角度出发的：优质商品耗费的社会必要劳动时间多且供不应求。同样，工程造价咨询企业的咨询服务收费也需要优质优价，从而确保其服务质量。

（4）能维护行业健康发展。

现阶段，工程造价咨询还处于传统业务阶段，但对国家、社会在基本建设投资控制中已发挥了较好的作用。合理的咨询服务收费，能够激励工程造价咨询企业保质保量地提供专业服务，从而促进行业健康持续稳定发展。提供同种服务的各个咨询企业在服务质量、服务条件和经营管理等方面是不完全相同的，咨询服务的个别成本及质量也就有高有低。因此，咨询企业的定价应以各个咨询企业的个别成本为基础。经营管理先进的企业经过努力会采取各种措施降低服务劳动耗费得到较多的利润，努力创新为委托人创造更多的价值；同时，经营管理落后的企业因较多的劳动耗费，其价格没有竞争优势，会产生提升专业能力、提高经营管理的紧迫感。因此，咨询服务收费的依据应该是工程造价咨询企业各自的咨询服务成本。

5.5　工程造价咨询服务收费的影响因素

5.5.1　咨询服务成本

咨询服务收费涉及咨询企业和咨询委托方双方共同的利益和咨询人员劳动价值的实现。在前述章节已经阐述咨询服务收费与咨询服务成本的关系，造价咨询价格的主要构成是咨询服务的成本。咨询企业在服务过程中耗费的成本必然要通过价格转移给咨询委托方。显然，咨询企业预期的成本越高，收费会越高，管理咨询服务的成本决定其价格。

但是，咨询服务价格最终要被咨询委托方接受，咨询服务的质量（咨询委托方的感知价值）必须要有保证，因此，咨询服务成本虽然影响着服务价格，但其影响是有前提条件的，不能以减少成本降低服务质量从而降低报价为代价。

5.5.2　地域环境

地域环境包括经济环境、技术环境、人文环境、地理环境等。经济环境会左右企业规模、发展方向和速度，进而影响咨询价格；技术环境是影响企业发展诸因素中的活跃因素，是企业发展的强大动力；人文环境是影响企业发展的微观因素，对造价咨询市场整体水平有不可低估的作用；地理环境是客观存在的"硬"环境，同一个咨询项目，在西藏或在北京，咨询费用会有较大差异。

由于我国各地经济发展不平衡，地域因素对咨询服务收费有明显的影响。经济发达地区咨询服务收费比较高，而经济欠发达地区咨询服务收费比较低。

5.5.3　咨询企业的规模和发展定位

咨询企业的规模和发展定位，体现为企业的经济目标、细分市场、市场份额、服务的成熟度阶段等，可表现为咨询企业拥有的造价咨询专家、技术人员人数"硬件"标准，也表现为造价咨询专家、技术人员所具备的咨询领域丰富的咨询经验与能力"软件"标准。管理高效、技术过硬、咨询服务到位的咨询企业更容易在咨询服务中占据主导地位。

咨询企业的规模和发展定位会影响咨询委托方对咨询企业所提供的咨询服务的信任程度，而信任程度又会影响咨询服务的定价。由于咨询服务成果的无形性，有时咨询委托方宁愿花高价钱购买权威咨询公司的服务。咨询服务的低价促销未必能吸引更多的潜在客户；相反地，规模大、定位专业的权威性的咨询企业较高的咨询定价在今后的 BIM+ 咨询业态中会更具有吸引力。

5.5.4　咨询委托方管理水平

咨询企业提供咨询服务的过程也就是与咨询委托方不断汇报、交流的过程。咨询委托方的授权、对咨询增值服务的理解和认可度、合同履行的顺畅度对造价咨询服务的投入有很大的影响。例如，咨询委托方在相关资料的提供方面，配合度高，则有利于咨询工作的顺利进行，自然社会成本会有所节约；反之，则会增加不必要的协商费用。

5.6 工程造价咨询服务收费的形成机制

正如 5.2 节所述，咨询企业咨询服务收费定价的三条腿分别是咨询企业承担的成本、面临的竞争以及咨询委托方感知的服务价值。《服务清单》的引入，探讨了其中的两条腿的关联。

当咨询委托方感知的服务价值通过咨询服务的质量（以《服务清单》为准绳）予以确定，不能通过降低标准减少消耗时，咨询服务的价格底限由咨询服务成本价格所限定。如果咨询服务低于它的成本价格签订咨询合同，咨询过程中消耗的成本就不能全部由合同价格得到补偿。因此，工程造价咨询服务成本成为咨询服务收费的重要依据。

在保证咨询服务质量的前提下，咨询服务的价值由咨询服务提供过程中的必要耗费所决定，以咨询服务的成本为基础确定咨询服务的价格。咨询公司要想保证咨询服务的质量，降低咨询服务的风险，在提供咨询服务时会充分考虑必要的咨询服务工作程序以保障服务质量。而充分的咨询服务工作程序，如增加咨询服务时间，配备更好的造价咨询项目团队，会相应增加咨询服务成本，最终咨询服务收费也会较高。

在实践中，由于商品或服务的价值很难直接、绝对地计算出来，而各个商品或服务的成本（它一般构成价值的绝大部分）则可以比较准确地计算出来，因此，为了使商品的价格大体上接近于它的价值，实践中的做法是：确定正常生产和合理经营条件下的合格产品（质量保证）的生产或服务成本，并在此基础上保证必要的盈利。

工程造价咨询服务同样应符合上述定价实践，因此，咨询服务收费应是服务成本的反映，并在此基础上保证必要的盈利，而盈利的多少受"面临的竞争"（咨询服务收费定价的第三条腿）的影响。

将马克思主义商品价值理论中的 $C+V$ 定义为咨询服务成本，将马克思主义商品价值理论中的 M 定义为竞争下的利润，则工程造价咨询服务收费公式为：

$$咨询服务收费 = 咨询服务成本 + 竞争下的利润 \qquad （5-1）$$

式中：咨询服务成本——由第 4 章中定义的人力成本、材料设备费、企业管理费、税费及风险费构成。

竞争下的利润——咨询企业提供合格的工程造价咨询成果，考虑竞争，运用了报价策略后，能够得到的预期收益。

式（5-1）的前提是：保证一定的咨询服务质量。

根据式（5-1），工程造价咨询服务收费主要是咨询服务成本的量化问题，为此，引入了市场定价理论：咨询服务收费的依据应该是工程造价咨询企业各自的咨询服务成本。

工程造价咨询服务收费的形成机制如图 5-1 所示。

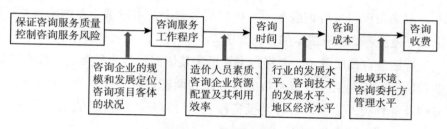

图 5-1　工程造价咨询服务收费的形成机制

在图 5-1 中，保证咨询服务质量和控制咨询服务风险是整个咨询服务的前提。在控制咨询风险和保证咨询质量的前提下，咨询企业根据企业自身的规模和定位及咨询项目客体的状况来设计咨询服务工作程序，进行有针对性的咨询服务。制定工作程序后，咨询时间则主要受造价人员素质、咨询企业资源配置及其利用效率的影响。能力素质较高的造价人员对于相同咨询服务项目会更熟练、高效地运用咨询方法或手段，更快捷地进行咨询服务的推进，从而节约咨询时间。一般而言，咨询时间越长，则咨询服务成本越高，同时，咨询服务成本还受到行业的发展水平、咨询技术的发展水平及地区经济水平的制约。咨询服务收费是在咨询服务成本的基础上，考虑利润予以最终确定。但是咨询业务的利润受地域环境（竞争程度）、咨询委托方管理水平（理解认可咨询服务质量的能力）的影响，是两方主体博弈的结果，属于市场行为。

第6章 差额定率累进法

在明确工程造价咨询服务成本构成的基础上，本章基于差额定率累进法讨论工程造价咨询服务成本的计算方法。

工程造价咨询服务中，差额定率累进法是依据项目业务类型、投资限额、复杂程度等，按照某一计费基数的百分比和调整系数进行报价。计费基数依据咨询业务种类的不同，可以是投资额、也可以是不同阶段的工程造价（如概算价、招标控制价、结算价等）。

通过对比分析江苏省 2020 年、浙江省 2021 年、深圳市 2019 年、江西省 2021 年、吉林省 2020 年、四川省 2022 年的咨询服务收费指导或成本参考标准，给出差额定率累进法的咨询服务成本参考标准及建议。

基于差额定率累进法，依据咨询服务成本参考标准，可以计算出咨询服务成本。企业在提供咨询服务前，参考此咨询服务成本，再考虑企业的利润，即可形成本企业的造价咨询服务报价。

6.1 方法介绍

工程造价咨询服务中，差额定率累进法是依据项目业务类型、投资限额、复杂程度等，按照某一计费基数的百分比和调整系数进行报价。计费基数依据咨询业务种类的不同，可以是投资额、也可以是不同阶段的工程造价（如概算价、招标控制价、结算价等）。

差额定率累进法是传统的工程造价咨询收费计算方法。本书基于差额定率累进法不是计算咨询服务收费，而是计算咨询服务成本，但计算原理是相同的，通过测算分档的费率反映不同投资额（或工程造价）区间的成本水平。企业参考此方法计算的咨询服务成本，再考虑企业的利润，即可形成本企业的造价咨询服务报价。

6.2 现行工程造价咨询服务收费指导的对比分析

课题组收集了具有代表性的 6 个省市现行工程造价咨询服务收费指导文件，如表 6-1 所示。由于广东省发布的相关文件已超过使用期限，故收集了深圳市造价工程师协会发布的参考价格。

表 6-1 代表性省市的工程造价咨询服务收费指导文件

省市	文件名	实施或发布时间
江苏省	工程造价咨询服务收费指导意见	2022 年 8 月 1 日
浙江省	工程造价咨询服务项目及收费指引	2021 年 5 月 18 日
深圳市	建设工程造价咨询业收费市场参考价格	2019 年 10 月 15 日
江西省	建设工程造价咨询业行业自律成本参考价（试行）	2021 年 9 月 7 日
吉林省	建设工程造价咨询服务收费标准（试行）	2020 年 5 月 13 日
四川省	工程造价咨询服务成本参考标准	2022 年 9 月 8 日

表 6-1 中各省市的发文宗旨均响应了"全面放开政府指导价管理的建设项目专业服务价格，充分发挥市场在资源配置中的决定性作用，维护有序公平的竞争环境，提高工程造价咨询服务质量"的《工程造价改革工作方案》（建办标〔2020〕38 号）精神。江苏省发布的是指导意见，浙江省发布的是收费指引，深圳市、江西省发布的是参考价格，四川省拟发布参考标准。吉林省的文件名虽然是收费标准，但在发文通知里表明："现决定将'本标准'作为吉林省造价咨询服务项目收费的参考依据印发执行。"

特别指出：江西省和四川省给出的是成本的参考标准，这更加吻合 38 号文的精神，本书将在 6.3 节中详细阐述。

从文件中，梳理代表性省份的工程造价咨询服务收费指导文件的参考标准的制定依据，如表 6-2 所示。

表 6-2 代表性省市参考标准的制定依据

省市	制定标准的依据
江苏省	在外省市造价协会有关咨询服务收费标准的基础上，结合江苏省工程造价咨询市场收费的实际情况
浙江省	文件中未明确

续表

省市	制定标准的依据
深圳市	市场调查、专家论证
江西省	开展广泛行业调研的基础上，组织全省广大工程造价咨询企业和相关单位对近年来全省范围内已完成的大量工程造价咨询项目取费成本价数据进行采集、分析、测算而形成的平均价格
吉林省	反复市场调研、成本分析、征求意见和专家论证
四川省	调研、统计、测算和分析

经过表 6-2 的梳理，发现：代表性省市的参考标准大多经过了大量工程造价咨询项目取费成本价数据的采集、分析、测算，故其公布的收费费率参考性很强；此外江苏省提到的"外省市造价协会有关咨询服务收费标准"说明各省市相互之间还具有可参考性。因此，本书基于 6 个代表性省市的数据的对比分析给出差额定率累进法收费建议。在对比分析过程中，会对 6 个代表性省市文件做部分摘录，文件全文见附录 5 至附录 10。

6.2.1　咨询项目名称和服务内容的对比分析

深圳市的参考价格从形式上看咨询项目名称的列项是最少的（见表 6-3），因此以它为对比的基准，分析其余省份的咨询项目名称列项的情况（见表 6-4）。

表 6-3　《深圳市建设工程造价咨询业收费市场参考价格》咨询项目名称列项及服务内容的摘录

序号	咨询项目名称		服务内容
1	全过程造价控制	基本收费	含投资估算、工程概算、工程控制价、工程结算、竣工决算以及实施阶段造价咨询等工程内容
		驻场服务	注册造价工程师或高级工程师
			中级职称工程师
			一般技术人员
2	投资估算的编制或审核		依据建设项目可行性研究方案编制或核对项目投资估算，出具投资估算报告或审核报告
3	工程概算的编制或审核		依据初步设计图纸计算或复核工程量，出具工程概算书或审核报告

续表

序号	咨询项目名称			服务内容
4	方案测算 / 比选			
5	工程控制价的编制或审核	清单计价法	（1）编制或审核工程量清单及招标控制价	依据施工图编制或审核工程量清单及招标控制价，出具工程量清单书及控制价或审核报告
			（2）单独编制或审核工程量清单	依据施工图编制或审核工程量清单，出具工程量清单书或审核报告
			（3）单独编制或审核控制价（不含工程量清单）	依据施工图、工程量清单编制或审核工程量清单报价，出具工程报价书或审核报告
		定额计价法	编制或审核控制价	依据施工图编制或审核工程控制价，出具工程控制价文件或审核报告
6	工程结算的编制			依据竣工资料编制工程结算，出具工程结算书
7	工程结算审核		（1）基本收费	依据竣工资料、签证资料、工程结算书等进行审核，出具工程结算审核报告
			（2）效益收费	
8	工程竣工决算编制或审核			依据工程结算审定成果文件和财务资料编制竣工决算
9	工程竣工决算编制专项审计			竣工决算项目中需对某项工程投资额进行专业复核的
10	后评估			项目投资的后评估
11	工程造价纠纷鉴证			受委托进行鉴证
12	钢筋及预埋件计算			依据施工图纸、设计标准和施工操作规程计算或审核钢筋（或铁件）重量，提供完整的钢筋（或铁件）重量明细表、汇总表或审核报告

　　表 6-4 中，各省市的造价咨询服务项目的列项差别不大（除四川省）。深圳市的收费列项是最简洁的，但施工阶段的造价咨询项目不太明晰，实践应用中或许会有缺项的情况。江苏省、浙江省、吉林省的造价咨询服务项目列项基本能够满足传统咨询业务收费的对应，但对于 BIM 新技术、行业推行的 PPP 融资模式、EPC 发包模式、强化运维阶段咨询的响应度不够，与之匹配的造价咨询服务收费未能给出参考标准。相较而言，吉林省 BIM 新技术的响

应度较高。江西省的增选工作以及"EPC、PPP项目分项咨询服务收费可参照建设工程各阶段对应服务内容收费标准累加执行,项目若为全过程咨询服务,收费应结合项目实际情况,参照全过程造价咨询执行"的说明则对传统咨询业务外的服务做了很好的响应。通过对比分析,四川省的列项最为齐全且与《服务清单》配套,在运用中,服务内容和服务质量按照《工程造价咨询企业服务清单》(CECA/GC 11-2019)标准执行。

表6-4 咨询项目名称及服务内容列项的对比分析

省市	列项形式	特点分析
江苏省	按照造价管理阶段分类进行列项	只有施工阶段全过程造价咨询,无全过程造价咨询;有投标报价分析的单独服务收费列项
浙江省	按建设项目实施流程顺序列项	有全过程造价咨询的收费;造价咨询分项服务列项非常齐全
深圳市	按建设项目实施流程顺序列项	最简洁的列项。有全过程造价咨询的收费;施工阶段的造价咨询项目不明晰,实践应用中或感缺失
江西省	按建设项目实施流程顺序列项	与浙江省的列项特点一致
吉林省	按建设项目实施流程顺序列项	有全过程造价咨询的收费;有清标的单独服务列项;有BIM咨询的详细收费列项
四川省	响应《服务清单》进行列项	与《服务清单》完全对接,列项最为齐全

6.2.2 收费水平的对比分析

选取6个省市的投资估算编制、工程结算编制、全过程造价咨询三项工程造价咨询的服务费率进行对比分析,见表6-5~表6-7。

(1)投资估算编制:吉林省与深圳市的收费费率非常接近,是最高的;然后是江苏省和浙江省的收费比较接近,是次高的;接着是江西省的收费,与江苏省和浙江省也比较接近,略低。四川省的收费费率最低。

(2)工程结算编制:吉林省、深圳市、江苏省的收费费率比较接近,吉林省收费费率是最高的;江西省、浙江省、四川省的收费费率比较接近,江西省是三省中最高的。

表6-5　投资估算编制的收费费率比较

省市	收费基数	差额定率分档收费费率（‰）												
		≤100万元	≤200万元	≤500万元	≤1000万元	≤2000万元	≤3000万元	≤5000万元	≤6000万元	≤1亿元	≤5亿元	>5亿元	≤10亿元	>10亿元
江苏省	总投资	1.3	1.2		1.0	0.7				0.5	0.4		0.2	
浙江省	估算价			1.1	0.9	0.7	0.6			0.5	0.4		0.4	
深圳市	估算价			1.5	1.2		1.0			0.8	0.6		0.5	
江西省	估算价	1.0		0.9	0.8		0.7	0.5		0.4		0.3		
吉林省	估算价	1.5		1.3	1.2		1.0			0.8	0.6		0.5	
四川省	估算总投资		0.67			0.47			0.13		0.08		0.07	0.05

表6-6　工程结算编制的收费费率比较

省市	收费基数	差额定率分档收费费率（‰）												
		≤100万元	≤200万元	≤500万元	≤1000万元	≤2000万元	≤3000万元	≤5000万元	≤6000万元	≤1亿元	≤5亿元	>5亿元	≤10亿元	>10亿元
江苏省	结算价	3.3	5		3.9		3			2.5	1.9		1.4	
浙江省	结算价		2.9		2.5	2.1	2.1			1.7	0.9		0.9	
深圳市	结算价		5		4.5		4.0			3.5	3.2		2.8	
江西省	结算价	3.2	3.0		2.8		2.5	2.2		2.1		2.0		
吉林省	结算价	5.5	5.0		4.5		4.0			3.5	3.0		2.8	
四川省	送审工程结算造价		2.44			1.96			1.75		1.40		1.15	1.00

表6-7 全过程造价咨询的收费率比较

省市	工程类型	收费基数	差额定率分档收费费率（‰）												
			≤100万元	≤200万元	≤500万元	≤1000万元	≤2000万元	≤3000万元	≤5000万元	≤6000万元	≤1亿元	≤5亿元	>5亿元	≤10亿元	>10亿元
江苏省		投资估算													
浙江省			15		13.8	12.5	11.3		8.8		7.5	6.3		5.5	
深圳市		概算价		19.6		18.0		16.0		14.0		12.2		10.8	
江西省	建设工程（A型）	项目投资概算额	10.2	9.6	9.6	9.0	8.4	8.4	7.8	7.8	7.2		6.6		
	建设工程（B型）		9.6	9.0	9.0	8.4	7.8	7.8	7.2	7.2	6.6		6.0		
	建设工程（C型）		9.0	8.4	8.4	7.8	7.2	7.2	6.6	6.6	6.0		5.4		
	建设工程（D型）		8.4	7.8	7.8	7.2	6.6	6.6	6.0	6.0	5.4		4.8		
吉林省		概算价	20		19	18		16			14	12		10.5	
四川省	可行性研究后工程总承包咨询（受建设单位委托）	项目工程造价		20.00			17.00			15.00		8.00	5.00		2.00
	初步设计工程总承包咨询（受建设单位委托）			18.00			16.50			13.50		7.00	3.50		1.20

续表

省市	工程类型	收费基数	差额定率分档收费费率（‰）												
			≤100万元	≤200万元	≤500万元	≤1000万元	≤2000万元	≤3000万元	≤5000万元	≤6000万元	≤1亿元	≤5亿元	>5亿元	≤10亿元	>10亿元
四川省	施工图设计后施工总承包咨询（受建设单位委托）	项目工程造价	15.00				10.00			7.00		4.50	2.30		1.00
	可行性研究后工程总承包咨询（受总承包单位委托）		22.00				18.70			16.5		8.80	5.50		2.00
	初步设计后工程总承包咨询（受总承包单位委托）		19.80				18.15			14.85		7.70	3.85		1.32
	施工图设计后施工总承包咨询（受总承包单位委托）		16.5				11.00			7.70		4.95	2.53		1.1

注：全过程造价咨询服务驻场人员的费用均未包括在上述收费费率中。根据工程项目情况及委托人要求确定，若需人员驻场工作，费用另行计算。
江西省的建设工程（A型）、建设工程（B型）、建设工程（C型）、建设工程（D型）分别对应A型（从决策阶段开始）、B型（从勘察设计阶段开始）、C型（从交易阶段开始）、D型（从施工阶段开始）。

（3）全过程造价咨询：深圳市、吉林省、四川省的收费费率比较接近；浙江省的收费费率属于次高；江西省的收费费率是最低的。

有一点必须注意：江西省和四川省是成本参考标准，因此费率（尤其是四川省的）偏小。

收费费率表现出的各省市收费水平的差异是地域经济发展水平差距的真实反映。

6.2.3　调整系数的对比分析

调整系数的对比分析如表 6-8 所示。

表 6-8　调整系数的对比分析

省市	专业工程调整系数	工程复杂程度调整系数
江苏省	房屋建筑工程、水利电力和其他未涵盖的专业工程调整系数为 1.0	无
	市政、公路、机场、港口、城市轨道等工程，调整系数＜1.0，查表确定	
	井巷矿山、园林绿化、装饰装修、仿古建筑、安装（仅房屋建筑及市政工程类）、改扩建、修缮、加固、市政维护、爆破等工程，调整系数＞1.0，查表确定	
浙江省	房屋建筑、市政建设工程、水利工程、交通工程调整系数为 1.0	精装修、仿古建筑、加固工程、安装工程的工程量清单及招标控制价的编制或审核收费，1.0＜调整系数≤1.2，自行约定
	精装修、仿古建筑、加固工程、安装工程的工程量清单及招标控制价的编制或审核收费，1.0＜调整系数≤1.2，自行约定	
	室外附属工程（如景观园林、室外给排水、室外道路等）单独安装项目等结算审核费用，调整系数＞1.0，自行约定	
深圳市	无	项目管理、基数复杂：1.1-1.3 独立土石方、软基处理、绿化工程：0.7-0.9

省市	专业工程调整系数	工程复杂程度调整系数
江西省	房屋建筑和市政建设工程，专业工程调整系数为 1.0 精装修、仿古建筑、水利工程、交通工程等调整系数查表确定 室外附属工程（如景观园林、室外给排水、室外道路等）单独安装项目等结算审核费用调整系数查表确定	无
吉林省	无	在满足咨询条件的前提下参考执行以上收费标准。根据项目管理、技术的复杂难度、设计深度不够或设计变更导致咨询重复工作等情况，可计取 1.3~1.5 的复杂系数 / 难度调整系数
四川省	与江苏省、江西省类似，查表确定系数	新工艺智能建造、超大体量公共建筑、非标设备、超高层查表确定系数

6.3　参考标准及建议

6.3.1　成本标准的形式建议

建议参照江西省或四川省的做法：发布成本的参考标准，而不是收费的参考标准。成本费率反映社会平均成本，利润则是企业自行把握。通过差额定率累进法分别计算各档成本，各档成本累进之和为服务成本总额。企业在报价时，参考成本总额，再考虑企业的自身因素（预期利润）完成报价。如此，区分各个企业的实际服务质量和水平，体现各个工程造价咨询企业的能力。

6.3.2　咨询服务项目列项的建议

建议采用四川省的方式，与《服务清单》密切联系，列项齐全。在运用中，服务内容和服务质量按照《工程造价咨询企业服务清单》（CECA/GC 11–2019）标准执行，这样就解决了第 3 章中阐述的问题：收费需要与服务内容与服务质量相匹配，保质保量的报价才能让委托人接受，造价咨询的价值体现为委托人的三维（服务内容—服务质量—服务价格）满意度感受。

6.3.3 分档的建议

建议适度加大分档的跨度。从表 6-5~ 表 6-8 可以看出：不同省市的分档略有不同。6 个典型省市中，浙江省的分档最细，见表 6-9。四川省的分档跨度是最大的，见表 6-10。

表 6-9 浙江省的分档

造价金额							
100 万元（含）以内	100 万~500 万元（含）	500 万~1000 万元（含）	1000 万~2000 万元（含）	2000 万~5000 万元（含）	5000 万~1 亿元（含）	1 亿~5 亿元（含）	5 亿元以上

表 6-10 四川省的分档

造价金额					
500 万元以内	500 万~3000 万元	3000 万~1 亿元	1 亿~5 亿元	5 亿~10 亿元	10 亿元以上

住建部连续几年的工程造价咨询统计公报显示：工程造价咨询企业营业收入每年均比上年持续增长。建设项目的规模日益增大，建筑业企业签订合同总额、新签合同额持续增长，分档跨度大一些与行业目前的发展更吻合。

6.3.4 调整系数的建议

建议专业工程调整系数和工程复杂程度调整系数都给出参考值。通过系数区分咨询服务收费项目的专业性和特殊性，充分考虑不同咨询项目的差异、难易程度。

6.3.5 费率的建议

建议在四川省测算的成本收费费率基础上，考虑地域属性，不同省域、直辖市和自治区测算地区差异系数。

《四川省工程造价咨询服务收费参考标准》详见附录 10。

6.4　计算示例

　　某房屋建筑工程的咨询服务合同约定为编制工程量清单，工程总造价为 8000 万元，不属于复杂工程。

　　咨询服务成本 $=500 \times 2.66‰ + （3000–500） \times 2.42‰ + （8000–3000） \times$

$$2.1‰ \times 专业调整系数 \times 工程复杂程度调整系数$$
$$=17.88 \times 1 \times 1 = 17.88 万元$$

　　式中：

　　（1）分档情况及对应费率见附录 10《四川省工程造价咨询服务收费参考标准》中"2 差额定率累进法收费费率参考标准"。

　　（2）专业调整系数是指考虑建设项目不同专业业态对工程造价咨询服务成本的影响从而进行调整的系数。见附录 10《四川省工程造价咨询服务参考标准》中"4.1 专业调整系数"。

　　（3）工程复杂程度调整系数是指考虑不同工程复杂程度对工程造价咨询服务成本的影响从而进行调整的系数。见附录 10《四川省工程造价咨询服务收费参考标准》中"4.2 工程复杂程度调整系数"。

　　若企业此项目的预期利润是 10%，则：

$$咨询服务收费 = 17.88/0.9 = 19.99 万元$$

第7章 人工工日法

人工工日法是按照完成咨询服务所需投入不同等级工程造价专业技术人员的人工消耗量（即人工工日数）和人工工日成本单价计算工程造价咨询服务成本。工程造价咨询服务收费工日成本单价（以下简称工日成本单价）的费用构成与第4章工程造价咨询服务成本的构成完全一致，包括人力成本、材料设备费、企业管理费、税费及风险费用。

通过各省份的人工工日参考标准、中国勘察设计协会的工日成本的对比分析确定了人工工日法的适用性。再通过问卷调查、实例验证说明了人工工日法确定咨询服务成本的可行性。通过中国建设工程造价管理协会发布《中国工程造价咨询行业发展报告》的人均营业收入及四川省造价工程师协会的测算数据的吻合性确定了工程造价咨询服务收费工日成本单价的参考标准，并对工日成本单价参考标准的应用给出了计算示例及实践建议。

7.1 方法介绍

基于人工工日法计算工程造价咨询服务成本的公式见式（7-1），即：工日成本单价（需要区分项目人员等级）和咨询时间是决定咨询服务成本的两个维度：

$$S=\sum_{i=1}^{n} P_i \times T_i \qquad (7-1)$$

式中：

S——工程造价咨询服务成本；

n——直接参与工程造价咨询业务的人员构成中不同等级的类别数；

P_i——直接参与工程造价咨询业务的第i类等级的项目人员的工日成本单价；

T_i——第 i 类等级的项目人员直接参与工程造价咨询业务的咨询时间。

目前，工程造价咨询服务的计价方式中，人工工日法作为一种辅助计费方式，和差额定率累进法配合使用。但人工工日法有其自身独有的优势，在我国未来工程造价咨询行业市场化改革和定价探索的研究中，能够发挥巨大作用，促进行业的健康发展。

首先，人工工日法能够明确不同等级项目参与人员的服务成本标准，让成本计算更具体，更加简洁清晰。其次，人工工日法能够充分体现和区分各个企业的实际服务质量和水平。通过该收费方式可以倒逼企业强化自身管理，优化人员储备，进一步提高工作质量和建设参与方的满意度。最后，有助于提倡个人资质，弱化企业资质，培育咨询行业重视人才和高水平造价人员的氛围，为个人能力的提升创造良好的动力和发展空间。

7.2 现行工日单价标准的对比分析

7.2.1 典型省市的工日单价参考标准

对比分析江苏省 2020 年、浙江省 2021 年、江西省 2021 年、吉林省 2020 年、四川省 2022 年的工日单价参考标准，如表 7-1 所示。

表 7-1 典型省份的工日单价标准

省市	工日单价	实施或发布时间
江苏省	一级注册造价师 3000~3500 元 / 工日；二级注册造价师 2000~2500 元 / 工日，高级职称另外增加元 / 工日	2022 年 8 月 1 日
浙江省	一级注册造价师 800~1000 元 / 小时，二级注册造价师 450~700 元 / 小时	2021 年 5 月 18 日
深圳市	无标准	2019 年 10 月 15 日
江西省	高级工程师、一级注册造价工程师 2000 元 / 工日，工程师、二级注册造价工程师 1500 元 / 工日，其他造价专业人员 800 元 / 工日	2021 年 9 月 7 日
吉林省	一级注册造价工程师或高级工程师 2400 元 / 工日，二级注册造价工程师或中级职称工程师 1800 元 / 工日，一般技术人员 1000 元 / 工日	2020 年 5 月 13 日

续表

省市	工日单价	实施或发布时间
四川省	具有高级工程师资格的一级注册造价工程师4180元/工日，一级注册造价工程师3448元/工日，二级注册造价工程师2299元/工日，其他工程技术人员（一级建造师、监理工程师等具有职业资格者）3448元/工日，工程造价辅助人员1672元/工日	2022年9月8日

表7-1中的工日单价标准，由于时间及地域的不同，差别较大。吉林省的标准较低，系2020年的标准。江西省是2021年的工日成本标准，在此基础上考虑企业利润，标准也比较低。江苏省的标准也不高。四川省拟发布的是工日成本标准，在考虑了企业利润的情况下，此标准水平仅低于浙江省。

7.2.2　工程勘察服务的工日成本标准

中国勘察设计协会2022年6月发布的《工程勘察服务成本要素信息》的人工成本基数如表7-2所示。

表7-2　人工成本基数

职称等级	人工成本基数（元/人工日）	职称等级	人工成本基数（元/人工日）
正高级	7498	中级	4285
高级	5356	处级以下	2678

服务成本计算方法：

（1）工程勘察服务成本 = 工程勘察服务人工成本基数 × 技术人员服务人工日 × 附加调整系数 + 差旅成本。

（2）工程勘察服务人工成本基数在表7-2中查找确定。

（3）技术人员服务人工日应包括差旅时间，差旅成本据实计算。

（4）工程勘察服务人工工日法仅适用于无法采用工程费法核定服务成本，并且以技术人员服务为主的工程勘察项目，项目中发生实物工作的，成本另行核定。

勘察服务的成本标准明显比造价咨询的成本标准高。

7.2.3　建筑设计服务的工日成本标准

2016年12月，中国勘察设计协会发布了《关于建筑设计服务成本要素信息统计分析情况的通报》（中设协字〔2016〕89 号）的建筑设计服务直接人工成本与人工工日法综合成本系数信息（见表 7-3）。

表 7-3　建筑设计服务直接人工成本与人工工日法综合成本系数信息

技术人员等级	直接人工成本（元／人工日）	人工工日法综合成本系数
教授（研究员）级高级工程（建筑）师	2679	2.75
高级工程（建筑）师	2083	2.45
工程（建筑）师	1765	2.15
初级技术人员	1176	2.00

注：1. "直接人工成本"是指建筑设计服务过程中人员的工资、津贴、社会保险和福利等支出。
　　2. "人工日"是参照《全国建筑设计劳动（工日）定额》（2014 年修编版）的劳动管理指标与相关规定而定。
　　3. "人工工日法综合成本系数"是考虑直接人工成本以外的企业其他成本（含税费）等因素的影响，反映不同等级技术人员直接人工成本与企业综合成本的比例关系。
　　4. 适用于建筑工程设计、工程咨询、驻场等服务。

通过上述对比，各省市的工日单价标准差别比较大，更多是区域经济的客观反映。勘察和设计的成本标准都比造价咨询的成本标准高，但中国勘察设计协会也在分析工日成本，说明人工工日法是咨询服务收费的必要补充。为了能够给出人工工日法的工日单价参考标准，课题组结合上述典型省市的数据，辅以问卷调查实证研究，以期得到一个互相印证的参考标准。

7.3　实证研究

为了验证人工工日法确定工程造价咨询服务收费的可行性和有效性，本书于 2020 年下半年进行了问卷调查和数据分析。问卷设计详见附录 1，调查问卷详见附录 2。

为了保证分析结果的科学性和有效性，问卷的调查对象是全国范围的工程造价咨询企业；为了保证分析结果的普适性和完整性，问卷的调查对象包括不同规模、不同资质的工程造价咨询企业。调查问卷的数据收集情况详见附录 3，数据有效性分析详见附录 4。

通过有效问卷的回收，总共收集了全国 14 个省份、46 个市的咨询服务成本及咨询服务收费数据信息，在此基础上展开人工工日法确定工程造价咨

询服务成本及咨询服务收费的实证研究。本次调查数据反映了各调查地区
2017~2019 年的工程造价咨询服务收费水平。

7.3.1　咨询服务收费工日单价 P_i 的确定

依据第 4 章定义的工程造价咨询服务成本构成及式（5–1），P_i 的费用构
成可表达为：

$$P_i=\text{人力成本}+\text{材料设备费}+\text{企业管理费}+\text{税费}+\text{风险费} \qquad （7–2）$$

咨询服务收费工日单价由人力成本、材料设备费、企业管理费、税费、
风险费构成。咨询服务收费工日单价的确定需要咨询企业将咨询服务成本从
公司层面到项目层面再到人员层面进行合理分摊，不同等级的人员采用不同
的工日单价。

7.3.1.1　咨询服务成本工日单价的确定

企业的咨询服务成本测算是确定企业咨询服务收费的核心内容。如何测
定企业咨询服务成本是需要解决的一个关键性技术问题。

咨询服务成本在 P_i 中的分摊表现为：人力成本、材料设备费、企业管理
费、税费、风险费。其中，咨询企业的人力成本较大，占整个咨询服务成本
的 50% 左右，因此，人力成本也是造价咨询服务收费的主要构成，首先应该
对人力成本进行准确测算。

引入作业成本法（ABC 法）进行人力成本单价的测算。ABC 法是以作业
为基础的成本计算方法，是一种以作业耗用资源、产品耗用作业为分配依据
的成本分析方法，其指导思想是：成本对象消耗作业，作业消耗资源。作业
是成本计算的核心和基本对象，产品成本或服务成本是全部作业的成本总和，
是实际耗用企业资源成本的终结。作业成本法把直接成本和间接成本（包括
期间费用）作为产品（服务）消耗作业的成本同等对待，拓宽了成本的计算
范围，使计算出来的产品（服务）成本更准确真实。

ABC 法进行成本核算有利于加强作业管理，将风险与质量通过必要作业
进行有利的控制，从成本控制的着眼点深入到作业层次，在成本及成本发生
的原因之间建立一一对应关系，能有利地与咨询目标衔接，有利于咨询服务
收费与风险控制，真实反映造价咨询财务状况和经营成果。如果严格按照作
业成本法进行核算，其结果是比较接近企业的理论成本。在进行作业分析时，
在业务活动之前要将非增值作业进行删除。也就是说，在业务活动之前就将

那些不合理的成本费用杜绝，以此为基础核算出来的咨询服务成本就比较接近合理成本。

基于ABC法确定咨询企业的人力成本工日单价，从而确定咨询服务成本工日单价的步骤如下：

步骤一：确定绩效工资工日单价。

绩效工资是项目人员绩效的构成要素，是项目人员完成项目后的绩效费用。绩效工资是大多数企业的既定分配制度。绩效工资工日单价计算如下：

$$第 i 类等级项目人员绩效工资工日单价$$

$$= \frac{第 i 类等级项目人员的项目收益分配}{第 i 类等级项目人员参与人数 \times 第 i 类等级项目人员的参与天数}（元/工日）$$

$$(7-3)$$

工程造价咨询企业会根据咨询服务项目的类型、规模、咨询委托方的要求、咨询服务的合同金额进行项目人员的配置。根据式（7-3）区分不同等级项目参与人员的参与人数和参与天数分别测算绩效工资工日单价。

步骤二：确定人力成本工日单价。

项目人员绩效包含基本工资、绩效工资、项目人员差旅费和驻场补贴，其中，基本工资和绩效工资是每个工程造价咨询企业比较明晰的费用归集项。拟通过绩效工资系数，在绩效工资工日单价的基础上，以绩效工资工日单价作为基数确定人力成本工日单价。

$$第 i 类等级人力成本工日单价$$

$$= \frac{第 i 类等级项目人员绩效工资工日单价}{第 i 类等级项目人员绩效工资系数}（元/工日） \qquad (7-4)$$

绩效工资系数实际是绩效工资工日单价占项目人员绩效工日单价的比值。

步骤三：确定咨询服务成本工日单价。

咨询服务成本包含项目人员绩效、材料设备费、企业管理费、税费、风险费。造价咨询活动是智力性活动，咨询服务是咨询人员的创造性劳动，咨询服务成果的价值中，物质资料的转移价值所占的比重不大，绝大部分是咨询人员的智力性劳动价值。因此，拟通过项目人员绩效系数，在项目人员绩效工日单价的基础上，以项目人员绩效工日单价作为基数确定咨询服务成本工日单价。

$$第i类等级项目人员咨询服务成本工日单价$$

$$= \frac{第i类等级项目人员绩效工日单价}{第i类等级项目人员绩效系数}（元/工日）\qquad(7-5)$$

项目人员绩效系数实际是项目人员绩效工日单价占咨询服务成本工日单价的比值。

7.3.1.2 咨询服务收费工日单价 P_i 的确定

因为式（5-1）中，咨询服务收费 = 咨询服务成本 + 竞争下的利润，因此，在咨询服务成本工日单价的基础上，利用利润率可以确定咨询服务收费工日单价。

$$第i类等级项目人员咨询服务收费工日单价 P_i$$

$$= \frac{第i类等级项目人员咨询服务成本工日单价}{1-第i类等级项目人员利润率}（元/工日）\qquad(7-6)$$

7.3.1.3 咨询服务收费工日单价 P_i 确定的基础工作

咨询服务收费工日单价 P_i 的确定首先是咨询服务成本工日单价的确定，然后基于咨询服务成本分摊测算的咨询服务成本工日单价确定咨询服务收费工日单价。P_i 的确定需要确定下列中间变量及参数，为此企业需要具备一定的数据积累及形成规范的程序化的成本数据归集管理。

（1）绩效工资工日单价。工程造价咨询企业应建立不同咨询服务项目的绩效工资制度，大多数企业已具备此测算前提条件。企业需要完成的是基于此项制度，区分不同等级项目参与人员的绩效工资工日单价。这需要企业建立更精细化的以项目为单位的成本测算数据库，标准化记录大量的咨询服务项目的成员配置（等级划分）、参与人数和参与天数，据此统计分析本企业的绩效工资工日单价（区分不同等级）。

（2）绩效工资系数。绩效工资系数是绩效工资工日单价占项目人员绩效工日单价的比值。要确定这一系数，企业需要对不同等级的项目参与人员的基本工资、绩效工资、项目人员差旅费和驻场补贴有明确的统计记录。其中，基本工资和绩效工资是每个工程造价咨询企业比较明晰的费用归集项，但项目人员差旅费和驻场补贴会由于项目的交叉，人员并行于多个项目等原因导致费用归集的繁杂及混乱，但这并不是难题，通过企业的成本归集制度化可予以解决。

（3）项目人员绩效系数。项目人员绩效系数是项目人员绩效工日单价占咨询服务成本工日单价的比值。要确定这一系数，企业需要以每一个咨询服务项目为单位，记录项目人员绩效、材料设备费、企业管理费、税费、风险费的数据，这涉及到成本的合理分摊。企业可能有非造价类的其他业务，材料设备费、企业管理费、税费、风险费都有一个按营业收入分摊的问题；并且同样存在由于项目交叉，材料设备费、企业管理费等费用混杂的情况，需要通过企业的成本归集制度进行数据的收集及系数的测算。

（4）利润率。相对而言，利润率比较容易确定。企业可依据《服务清单》的咨询项目类别划分，结合企业的项目特长、营业范围、发展定位精细化确定不同种类咨询项目的利润率。

7.3.2　咨询时间 T_i 的确定

咨询时间 T_i 的确定不妨参照中国建设工程造价管理协会标准《建设工程造价咨询工期标准（房屋建筑工程）》（CECA/GC 10–2014）予以理解。

建设工程造价咨询工期标准是以社会平均先进的信息化水平、服务水平、企业管理水平为基础，以促进最佳社会效益为目的，按照相关的工程造价咨询合同和有关执业标准的要求，从签订咨询合同且获得相关工程资料，具备开展造价咨询服务条件开始，到按咨询合同要求提交咨询成果文件为止的时间。《建设工程造价咨询工期标准（房屋建筑工程）》（CECA/GC 10–2014）针对不同类型的房屋建筑工程的不同造价咨询成果文件编制、审核及全过程造价咨询其他服务项目，以工作日为单位给出了工期标准。

咨询企业提供咨询服务的咨询时间 T_i 属于企业的个别工作时间，与工期标准"社会平均先进水平"的含义并不相同。此处提及《建设工程造价咨询工期标准（房屋建筑工程）》（CECA/GC 10–2014）的目的是给咨询企业测定本企业的工期定额（咨询时间 T_i）提供方法和范式的参考。

7.3.3　工程造价咨询服务收费工日单价的测算

课题组的问卷调查最终回收有效问卷为 163 份，本小节基于 160 份有效问卷进行工程造价咨询服务收费工日单价的测算，第 7.3.4 节则基于随机抽取的 3 份有效问卷进行实例验证。

通过对有效样本数据的前述分析发现：不同类型的工程造价咨询服务对企业及项目人员的服务内容和服务质量的要求是不同的；完成不同类型的工

程造价咨询服务所需要的专业能力及综合能力也是有差异的；不同类型的工程造价咨询服务的项目人员配置、参与时间及项目人员的提成率都是不同的。因此，工程造价咨询服务收费工日单价的测算依据《服务清单》的5类工程造价咨询服务分别进行。

在问卷的第三部分"案例数据"中，调查对象需要分别针对5类工程造价咨询服务，在2017~2019年已完咨询服务项目中选择1个代表性项目进行信息填写。因此，问卷的第三部分实际是5个相对独立的数据收集板块，每一个板块的问题大致是相同的。

每一个板块最开始，被调研企业均需回答：是否按照《服务清单》的服务内容及服务质量的要求完成此项目的咨询服务。该问题提出的目的是想获得统一服务质量标准下的数据（工日单价）。因为，本书是探讨一定服务质量下，咨询服务如何确定收费的问题，因此，以《服务清单》为准绳，探讨《服务清单》下咨询服务收费的形成机制。对该问题回答"是"的数据才会被列入分析范围。本章所有的数据分析都是在这一前提下进行，在此不再赘述。

7.3.3.1 绩效工资工日单价的测算

绩效工资是项目人员绩效的构成要素，是指项目人员完成项目后的绩效费用。问卷设计了如表7-4所示的问题进行数据收集。

表7-4 绩效工资工日单价的测算涉及的问题

	参与人数（人）	项目的收益分配（万元）	参与时间（天）
项目经理级人员			
专业经理级人员			
专业技术人员			
助理人员			

直接参与工程造价咨询业务工作的人员是课题测算的主体，即项目人员。实践中，工程造价咨询企业会根据项目的类型、规模、咨询委托方的要求、咨询服务的合同金额进行项目人员的配置。尽管企业的组织架构存在差异，但比较有共性的项目人员参与分类如下：

（1）项目经理级人员：部长、项目经理等项目管理人员；

（2）专业经理级人员：专业经理或副经理等项目管理人员；

（3）专业技术人员：从事项目工作的非经理级人员；

（4）助理人员：从事项目工作的其他非注册从业人员。

依据样本数据，根据式（7-3）计算 5 类工程造价咨询服务的项目经理级人员、专业经理级人员、专业技术人员、助理人员的绩效工资工日单价测算如表 7-5 所示。

表 7-5　绩效工资工日单价

单位：元 / 工日

服务类别	人员职级	绩效工资工日单价
投资决策类	项目经理级人员	1121.38
	专业经理级人员	869.43
	专业技术人员	495.21
	助理人员	162.89
技术经济类	项目经理级人员	938.79
	专业经理级人员	599.65
	专业技术人员	371.82
	助理人员	120.94
经济鉴证类	项目经理级人员	676.48
	专业经理级人员	509.77
	专业技术人员	324.07
	助理人员	107.43
管理服务类	项目经理级人员	1217.42
	专业经理级人员	916.77
	专业技术人员	508.74
	助理人员	165.56
涉外工程类	项目经理级人员	1188.70
	专业经理级人员	963.72
	专业技术人员	555.47
	助理人员	272.54

7.3.3.2 项目人员绩效工日单价的测算

问卷的第二部分"工程造价咨询服务成本构成"在对项目人员绩效包含内容调查的基础上进行了数据收集。依据样本数据，5类工程造价咨询服务的项目经理级人员、专业经理级人员、专业技术人员、助理人员的项目人员绩效工日单价测算如表7-6所示。

表7-6 项目人员绩效工日单价

单位：元/工日

服务类别	人员职级	项目人员绩效工日单价
投资决策类	项目经理级人员	3617.35
	专业经理级人员	2634.63
	专业技术人员	1547.53
	助理人员	542.98
技术经济类	项目经理级人员	4470.45
	专业经理级人员	2725.69
	专业技术人员	1616.62
	助理人员	595.74
经济鉴证类	项目经理级人员	3301.49
	专业经理级人员	2355.68
	专业技术人员	1448.69
	助理人员	541.20
管理服务类	项目经理级人员	3666.93
	专业经理级人员	2792.49
	专业技术人员	1605.86
	助理人员	554.25
涉外工程类	项目经理级人员	3802.63
	专业经理级人员	2879.35
	专业技术人员	1704.43
	助理人员	882.86

7.3.3.3 咨询服务成本工日单价的测算

问卷的第二部分"工程造价咨询服务成本构成"分别对项目人员绩效、材料设备费、企业管理费、税费、风险费包含内容调查的基础上进行了数据收集。依据样本数据，5 类工程造价咨询服务的项目经理级人员、专业经理级人员、专业技术人员、助理人员的咨询服务成本工日单价测算如表 7-7 所示。

表 7-7　咨询服务成本工日单价

单位：元 / 工日

服务类别	人员职级	咨询服务成本工日单价
投资决策类	项目经理级人员	6832.09
	专业经理级人员	4911.22
	专业技术人员	2874.23
	助理人员	1029.16
技术经济类	项目经理级人员	6736.08
	专业经理级人员	4945.22
	专业技术人员	2974.10
	助理人员	1003.53
经济鉴证类	项目经理级人员	6577.89
	专业经理级人员	4847.29
	专业技术人员	2882.02
	助理人员	1072.02
管理服务类	项目经理级人员	7062.13
	专业经理级人员	5377.77
	专业技术人员	3092.72
	助理人员	1067.32
涉外工程类	项目经理级人员	7323.10
	专业经理级人员	5544.77
	专业技术人员	3282.73
	助理人员	1700.57

7.3.3.4　咨询服务收费工日单价的测算

均值分析（见附录 4）中，平均利润率（见附录 4 的附图 6）在 8% 上下波动。在均值分析和表 7-7 的基础上，测算的咨询服务收费工日单价如表 7-8 所示。

表 7-8 咨询服务收费工日单价

单位：元 / 工日

服务类别	人员职级	咨询服务收费工日单价
投资决策类	项目经理级人员	7387.64
	专业经理级人员	5319.20
	专业技术人员	3116.71
	助理人员	1112.85
技术经济类	项目经理级人员	7386.86
	专业经理级人员	5506.93
	专业技术人员	3256.79
	助理人员	1098.43
经济鉴证类	项目经理级人员	7152.21
	专业经理级人员	5268.79
	专业技术人员	3134.67
	助理人员	1162.58
管理服务类	项目经理级人员	7565.22
	专业经理级人员	5760.87
	专业技术人员	3313.04
	助理人员	1143.48
涉外工程类	项目经理级人员	7844.78
	专业经理级人员	5939.13
	专业技术人员	3516.96
	助理人员	1821.52

7.3.3.5 相关系数的测算

（1）绩效工资系数。

绩效工资系数实际是区分不同职级的项目参与人员的绩效工资工日单价在项目人员绩效工日单价中的比值。根据式（7-4），绩效工资系数的计算公式为：

$$第 i 类职级项目人员绩效工资系数 = \frac{第 i 类职级项目人员绩效工资工日单价}{第 i 类职级项目人员绩效工日单价} \tag{7-7}$$

根据式（7-7），样本数据的绩效工资系数如表 7-9 所示。

表 7-9　绩效工资系数

服务类别	人员职级	绩效工资系数
投资决策类	项目经理级人员	0.3100
	专业经理级人员	0.3300
	专业技术人员	0.3200
	助理人员	0.3000
技术经济类	项目经理级人员	0.2100
	专业经理级人员	0.2200
	专业技术人员	0.2300
	助理人员	0.2030
经济鉴证类	项目经理级人员	0.2049
	专业经理级人员	0.2164
	专业技术人员	0.2237
	助理人员	0.1985
管理服务类	项目经理级人员	0.3320
	专业经理级人员	0.3283
	专业技术人员	0.3168
	助理人员	0.2987
涉外工程类	项目经理级人员	0.3126
	专业经理级人员	0.3347
	专业技术人员	0.3259
	助理人员	0.3087

（2）项目人员绩效系数。

项目人员绩效系数实际是区分不同职级的项目参与人员的绩效工日单价在咨询服务成本工日单价中的比值。根据式（7-5），项目人员绩效系数的计算公式为：

$$第 i 类职级项目人员绩效系数 = \frac{第 i 类职级项目人员绩效工日单价}{第 i 类职级项目人员咨询服务成本工日单价} \qquad (7-8)$$

113

根据式（7-8），样本数据的项目人员绩效系数如表7-10所示。

表7-10　项目人员绩效系数

服务类别	人员职级	项目人员绩效系数
投资决策类	项目经理级人员	0.5295
	专业经理级人员	0.5365
	专业技术人员	0.5384
	助理人员	0.5276
技术经济类	项目经理级人员	0.6637
	专业经理级人员	0.5512
	专业技术人员	0.5436
	助理人员	0.5936
经济鉴证类	项目经理级人员	0.5019
	专业经理级人员	0.4860
	专业技术人员	0.5027
	助理人员	0.5048
管理服务类	项目经理级人员	0.5192
	专业经理级人员	0.5193
	专业技术人员	0.5192
	助理人员	0.5193
涉外工程类	项目经理级人员	0.5193
	专业经理级人员	0.5193
	专业技术人员	0.5192
	助理人员	0.5192

（3）利润率。

根据式（7-6），利润率的计算公式为：

第 i 类职级项目人员利润率

$$= \frac{咨询服务收费工日单价 P_i - 咨询服务成本工日单价}{咨询服务收费工日单价 P_i} \times 100\%$$

（7-9）

根据式（7-9），样本数据的利润率如表7-11所示。

表 7-11 利润率

单位：%

服务类别	人员职级	利润率
投资决策类	项目经理级人员	7.52
	专业经理级人员	7.67
	专业技术人员	7.78
	助理人员	7.52
技术经济类	项目经理级人员	8.81
	专业经理级人员	10.20
	专业技术人员	8.68
	助理人员	8.64
经济鉴证类	项目经理级人员	8.03
	专业经理级人员	8.00
	专业技术人员	8.06
	助理人员	7.79
管理服务类	项目经理级人员	6.65
	专业经理级人员	6.65
	专业技术人员	6.65
	助理人员	6.66
涉外工程类	项目经理级人员	6.65
	专业经理级人员	6.64
	专业技术人员	6.66
	助理人员	6.64

7.3.4 实例验证

本节基于随机抽取的 3 份有效问卷进行实例验证。3 份有效问卷分别是从投资决策类、技术经济类、经济鉴证类的有效样本中随机抽取的。管理服务类和涉外工程类的样本数量较少，全部用于测算，不再进行实例验证。

7.3.4.1 投资决策类项目

（1）问卷调查数据。

某工程造价咨询服务项目（A004 项目可行性研究）于 2019 年完成，项目类型为房屋建筑工程，项目规模为 12500 平方米，项目投资金额为 69522

万元，咨询合同金额为 48 万元，项目合同约定时长为 2019 年 11 月 1~30 日，项目人员参与情况与收益分配情况如表 7-12 所示。

表 7-12　项目人员参与情况与收益分配情况

单位：人，万元，天

数据类别 人员职级	参与人数	项目的收益分配	参与时间
项目经理级人员	1	0.198	2
专业经理级人员	1	0.372	5
专业技术人员	4	5.943	30
助理人员	1	0.737	30

（2）人工工日法的咨询服务收费计算。

1）项目人员绩效工资工日单价。

根据表 7-12 计算该企业的项目人员绩效工资工日单价（见表 7-13）。

表 7-13　项目人员绩效工资工日单价

单位：元 / 工日

人员职级	项目人员绩效工资工日单价	人员职级	项目人员绩效工资工日单价
项目经理级人员	990.00	专业技术人员	495.25
专业经理级人员	744.00	助理人员	245.67

2）项目人员绩效工日单价。

在表 7-9 中查取相关的绩效工资系数：项目经理级人员 0.3100；专业经理级人员 0.3300；专业技术人员 0.3200；助理人员 0.3000。

在表 7-13 的基础上确定项目人员绩效工日单价，如表 7-14 所示。

表 7-14　项目人员绩效工日单价

单位：元 / 工日

人员职级	项目人员绩效工日单价	人员职级	项目人员绩效工日单价
项目经理级人员	3193.55	专业技术人员	1547.66
专业经理级人员	2254.55	助理人员	818.89

3）咨询服务成本工日单价。

在表 7-10 中查取相关的项目人员绩效系数：项目经理级人员 0.5295；专

业经理级人员 0.5365；专业技术人员 0.5384；助理人员 0.5276。

在表 7-14 的基础上确定咨询服务成本工日单价，如表 7-15 所示。

表 7-15 咨询服务成本工日单价

单位：元 / 工日

人员职级	咨询服务成本工日单价	人员职级	咨询服务成本工日单价
项目经理级人员	6031.25	专业技术人员	2874.55
专业经理级人员	4202.32	助理人员	1552.10

4）咨询服务收费工日单价。

在表 7-11 中查取相关的利润率：项目经理级人员 7.52%；专业经理级人员 7.67%；专业技术人员 7.78%；助理人员 7.52%。

在表 7-15 的基础上确定咨询服务收费工日单价，如表 7-16 所示。

表 7-16 咨询服务收费工日单价

单位：元 / 工日

人员职级	咨询服务收费工日单价	人员职级	咨询服务收费工日单价
项目经理级人员	6521.68	专业技术人员	3117.05
专业经理级人员	4551.41	助理人员	1678.31

根据表 7-16 确定的咨询服务收费工日单价和表 7-12 中的项目参与人数和参与时间确定该项目的咨询服务收费：

咨询服务收费 =（6521.68 × 1 × 2＋4551.41 × 1 × 5＋3117.05 × 4 × 30＋

1678.31 × 1 × 30）/10000

= 45.18 万元

该实例的咨询合同收费为 48 万元，依据人工工日法测算的咨询服务收费为 45.18 万元，测算与实际收费相差 5.87%。偏差很小，验证了人工工日法的可行性。

7.3.4.2 技术经济类项目

（1）问卷调查数据。

企业年营业收入为 471.58 万元，其填报的工程造价咨询服务项目为 B217 最高投标限价（标底）编制，该项目于 2017 年完成，项目类型为房屋建筑工程，项目规模为 79292 平方米，项目投资金额为 15358 万元，咨询合同金额为 25 万元，项目合同约定时长为 2017 年 5 月 11~25 日，企业按照咨询合同的总金额进行项目人员的收益分配，项目的项目人员参与情况与收益分配情况如表 7-17 所示。

表 7-17 项目人员参与情况与收益分配情况

单位：人，万元，天

数据类别 人员职级	参与人数	项目的收益分配	参与时间
项目经理级人员	1	0.080	1
专业经理级人员	1	0.180	3
专业技术人员	4	2.500	14
助理人员	2	0.240	7

（2）人工工日法的咨询服务收费计算。

1）项目人员绩效工资工日单价。

根据表 7-17 计算该企业的项目人员绩效工资工日单价（见表 7-18）。

表 7-18 项目人员绩效工资工日单价

单位：元 / 工日

人员职级	绩效工资工日单价	人员职级	绩效工资工日单价
项目经理级人员	800.00	专业技术人员	446.43
专业经理级人员	600.00	助理人员	171.43

2）项目人员绩效工日单价。

在表 7-9 中查取相关的绩效工资系数：项目经理级人员 0.2100；专业经理级人员 0.2200；专业技术人员 0.2300；助理人员 0.2030。

在表 7-18 的基础上确定项目人员绩效工日单价，如表 7-19 所示。

表 7-19 项目人员绩效工日单价

单位：元 / 工日

人员职级	项目人员绩效工日单价	人员职级	项目人员绩效工日单价
项目经理级人员	3809.52	专业技术人员	1940.99
专业经理级人员	2727.27	助理人员	844.48

3）咨询服务成本工日单价。

在表 7-10 中查取相关的项目人员绩效系数：项目经理级人员 0.6637；专业经理级人员 0.5512；专业技术人员 0.5436；助理人员 0.5936。

在表 7-19 的基础上确定咨询服务成本工日单价，如表 7-20 所示。

表 7-20 咨询服务成本工日单价

单位：元 / 工日

人员职级	咨询服务成本工日单价	人员职级	咨询服务成本工日单价
项目经理级人员	5739.83	专业技术人员	3570.63
专业经理级人员	4947.88	助理人员	1422.63

4）咨询服务收费工日单价。

在表 7-11 中查取相关的利润率：项目经理级人员 8.81%；专业经理级人员 10.20%；专业技术人员 8.68%；助理人员 8.64%。

在表 7-20 的基础上确定咨询服务收费工日单价，如表 7-21 所示。

表 7-21 咨询服务收费工日单价

单位：元 / 工日

人员职级	咨询服务收费工日单价	人员职级	咨询服务收费工日单价
项目经理级人员	6294.36	专业技术人员	3910.02
专业经理级人员	5509.89	助理人员	1557.17

根据表 7-21 确定的咨询服务收费工日单价和表 7-17 中的项目参与人数和参与时间确定该项目的咨询服务收费：

咨询服务收费 =（6294.36 × 1 × 1+5509.89 × 1 × 3+

3910.02 × 4 × 14+1557.17 × 2 × 7）/10000

= 26.36 万元

该实例的合同咨询服务收费为 25 万元，依据人工工日法计算的咨询服务收费为 26.36 万元，测算和实际的偏差仅为 5.43%，验证了人工工日法的可行性和有效性。

7.3.4.3 经济鉴证类项目

（1）问卷调查数据。

企业年营业收入为 976.67 万元，其填报的工程造价咨询服务项目为 C201 跟踪审计（从施工阶段开始），该项目于 2017 年完成，项目类型为房屋建筑工程，项目规模为 79000 平方米，项目投资金额为 95000 万元，咨询合同金额为 380 万元，项目合同约定时长为 2016 年 11 月 1 日至 2017 年 12 月 30 日，企业按照咨询合同的总金额进行项目人员的收益分配，项目的项目人员参与情况与收益分配情况如表 7–22 所示。

表 7–22　项目人员参与情况与收益分配情况

单位：人，万元，天

数据类别 人员职级	参与人数	项目的收益分配	参与时间
项目经理级人员	1	3.00	50
专业经理级人员	1	4.00	80
专业技术人员	2	30.00	420
助理人员	1	5.00	400

（2）人工工日法的咨询服务收费计算。

1）项目人员绩效工资工日单价。

根据表 7–22 计算该企业的项目人员绩效工资工日单价（见表 7–23）。

表 7–23　项目人员绩效工资工日单价

单位：元 / 工日

人员职级	绩效工资工日单价	人员职级	绩效工资工日单价
项目经理级人员	600.00	专业技术人员	357.14
专业经理级人员	500.00	助理人员	125.00

2）项目人员绩效工日单价。

在表 7–9 中查取相关的绩效工资系数：项目经理级人员 0.2049；专业经理级人员 0.2164；专业技术人员 0.2237；助理人员 0.1985。

在表 7–23 的基础上确定项目人员绩效工日单价，如表 7–24 所示。

表 7–24　项目人员绩效工日单价

单位：元 / 工日

人员职级	项目人员绩效工日单价	人员职级	项目人员绩效工日单价
项目经理级人员	2928.26	专业技术人员	1596.53
专业经理级人员	2310.54	助理人员	629.72

3）咨询服务成本工日单价。

在表 7-10 中查取相关的项目人员绩效系数：项目经理级人员 0.5019；专业经理级人员 0.4860；专业技术人员 0.5027；助理人员 0.5048。

在表 7-24 的基础上确定咨询服务成本工日单价，如表 7-25 所示。

表 7-25　咨询服务成本工日单价

单位：元／工日

人员职级	咨询服务成本工日单价	人员职级	咨询服务成本工日单价
项目经理级人员	5834.34	专业技术人员	3175.90
专业经理级人员	4754.19	助理人员	1247.47

4）咨询服务收费工日单价。

在表 7-11 中查取相关的利润率：项目经理级人员 8.03%；专业经理级人员 8.00%；专业技术人员 8.06%；助理人员 7.79%。

在表 7-25 的基础上确定咨询服务收费工日单价，如表 7-26 所示。

表 7-26　咨询服务收费工日单价

单位：元／工日

人员职级	咨询服务收费工日单价	人员职级	咨询服务收费工日单价
项目经理级人员	6343.75	专业技术人员	3454.32
专业经理级人员	5167.60	助理人员	1352.86

根据表 7-26 确定的咨询服务收费工日单价和表 7-22 中的项目参与人数和参与时间确定该项目的咨询服务收费：

咨询服务收费 =（6343.75 × 1 × 50+5167.60 × 1 × 80+3454.32 × 2 × 420+

1352.86 × 1 × 400）/10000

= 417.34 万元

该实例的合同咨询服务收费为 400 万元，依据人工工日法计算的咨询服务收费 417.34 万元，测算和实际的偏差仅为 4.33%，验证了人工工日法的可行性和有效性。

7.4 工程造价咨询服务收费工日单价的参考标准

经过问卷调查、数据收集和测算分析，又经过了实例验证，汇总课题组测算的咨询服务收费工日单价 P_i，如表 7-27 所示。

表 7-27 课题组测算的咨询服务收费工日单价

单位：元／工日

服务类别	人员职级	咨询服务收费工日单价
投资决策类	项目经理级人员	7387.64
	专业经理级人员	5319.20
	专业技术人员	3116.71
	助理人员	1112.85
技术经济类	项目经理级人员	7386.86
	专业经理级人员	5506.93
	专业技术人员	3256.79
	助理人员	1098.43
经济鉴证类	项目经理级人员	7152.21
	专业经理级人员	5268.79
	专业技术人员	3134.67
	助理人员	1162.58
管理服务类	项目经理级人员	7565.22
	专业经理级人员	5760.87
	专业技术人员	3313.04
	助理人员	1143.48
涉外工程类	项目经理级人员	7844.78
	专业经理级人员	5939.13
	专业技术人员	3516.96
	助理人员	1821.52

将表 7-27 的单价与附录 10 的 3.5 中四川造价工程师协会的测算进行对比。将四川省的测算详细单列在表 7-28 中，方便比较。

表 7-28　四川省造价工程师协会测算的咨询服务收费成本工日单价

单位：元 / 工日

工程技术人员资格等级	直接人工成本	企业综合成本	人工工日成本	职称调整系数
一级注册造价工程师	1800	1648	3448	正高级工程师：1.3
二级注册造价工程师	1300	999	2299	高级工程师：1.1
其他工程造价技术人员	1000	672	1672	其他专业人员：1.0

7.4.1　拟合项目参与人员的划分标准

课题组将直接参与工程造价咨询业务的人员分为 4 类：项目经理级人员、专业经理级人员、专业技术人员、助理人员；四川省造价工程师协会将直接参与工程造价咨询业务的人员也分为 4 类：具有高级工程师资格的一级注册造价工程师、一级注册造价工程师、二级注册造价工程师、工程造价辅助人员。此外，考虑到全过程咨询的需求，对一级建造师、监理工程师等具有职业资格者视同一级注册造价工程师也进行了测算。

两种分类侧重点不同。课题组的分类偏向于企业职级的划分标准；四川省造价工程师协会偏向于职业资格及职称的划分标准。两种分类有一定的对应度。对应关系如表 7-29 所示。

表 7-29　工程造价咨询业务人员的级别划分

课题组	四川造价工程师协会
项目经理级人员	具有高级工程师资格的一级注册造价工程师
专业经理级人员	一级注册造价工程师
专业技术人员	二级注册造价工程师
助理人员	工程造价辅助人员

表 7-29 的对应关系，在不同的企业或有不同，例如，一级注册造价工程就可能担任项目经理，具有高级工程师资格的一级注册造价工程师也有可能只是专业经理。课题组的分类是考虑到薪酬与职级有关联，但实践中不确定性（不同企业职级的差别）较大；四川造价工程师协会的分类与中国勘察设计协会及各省份的分类标准一致，均以职称和职业资格为准，避免了不确定性。因此，课题组在即将给出的工日单价参考标准时也采用四川省造价工程师协会的分类方法。

7.4.2 拟合项目参与人员的成本单价标准

对比表 7-27 及表 7-28 中的成本单价，可得出课题组测算的咨询服务收费工日单价水平比四川省造价工程师协会测算的咨询服务收费成本工日单价水平高的结论。实际上，有两个因素会导致此偏差。

（1）本书的测算基础是全国范围内的工程造价咨询企业样本数据，四川省造价工程师协会的测算基础仅是四川省境内的工程造价咨询企业样本数据。

（2）项目参与人员的划分引起的人员交叉及权重也是一个影响因素。正如前文所述，一级注册造价工程师就可能担任项目经理，具有高级工程师资格的一级注册造价工程师也有可能只是专业经理。同时，项目经理级人员参与到造价咨询项目的人数和时间都是很少的，因此，这个职级的成本单价虽然高，但对整个项目的成本单价的比重（也可以理解为权重）是比较小的。

基于上述两个因素的分析，表 7-27 及表 7-28 中成本单价数值上的偏差就可以理解了。

此外，通过中国建设工程造价管理协会发布《中国工程造价咨询行业发展报告》的人均营业收入，也可大致分析出各省份的成本单价水平，如表 7-30 所示。

表 7-30　基于《中国工程造价咨询行业发展报告》的分析

省市	2020 年人均收入（万元 / 人）	2020 年人均收入（元 / 日）	2020 年人均企业成本收入（元 / 日）
江苏省	39.14	1565.85	3131.70
浙江省	35.22	1409.03	2818.05
广东省	32.82	1313.01	2626.02
江西省	28.10	1124.18	2248.36
吉林省	19.62	784.93	1569.85
四川省	28.56	1142.58	2285.17

根据项目人员薪酬单价 / 工日成本单价的占比情况（按 0.5 占比计），2020 年人均企业成本收入（对应工日成本单价）如表 7-30 所示。中价协 2020 年的数据是不同级别项目人员工日单价的平均水平。以四川省为例，2285.17 元 / 日是一个平均水平，一级注册造价工程师至少可以达到平均水

的 1.5 倍（四川省造价工程师协会测算），即一级注册造价工程师工日成本单价可以达到 3428 元 / 日，与表 7-28 四川省造价工程师协会测算的一级造价工程师成本工日单价 3448 元 / 日非常吻合。

因此，四川省造价工程师协会的测算与中国建设工程造价管理协会发布的统计数据吻合。

本书据此给出工程造价咨询服务收费工日单价的参考标准，如表 7-31 所示。各省份可以此为参考标准，测算地区差异性系数（与四川省为参照）。此外，还需考虑专业调整系数及工程复杂程度调整系数。经过四川省造价工程师协会的测算，专业调整系数及工程复杂程度调整系数分别见表 7-32 和表 7-33。

表 7-31　工程造价咨询服务收费工日单价的参考标准

单位：元 / 工日

工程技术人员资格等级	人工工日单价
具有高级工程师资格的一级注册造价工程师	4180
一级注册造价工程师	3448
二级注册造价工程师	2299
其他工程技术人员（一级建造师、监理工程师等具有职业资格者）	3448
工程造价辅助人员	1672

表 7-32　专业调整系数

序号	专业	调整系数
1	房屋建筑及其他未涵盖工程	1.0
2	仿古建筑工程	1.6
3	园林景观工程	1.13
4	机场道路工程	0.67
5	市政道路工程（含行道树、绿化带）	0.73
6	桥梁、隧道工程（市政）	0.85
7	桥梁、隧道工程（公路）	0.73
8	公路工程	0.6
9	轨道交通工程（地铁、轻轨等）	0.8

续表

序号	专业	调整系数
10	轨道交通工程（高铁、普铁等）	0.7
11	市政大、小三线工程	0.97
12	一般水利水电工程	0.8
13	电力工程	0.8
14	井巷矿山工程	1.1
15	港口工程	0.8
16	绿化工程	0.8
17	装饰装修工程	1.2
18	安装工程	1.3

表 7-33　工程复杂程度调整系数

分类	调整系数	备注
新工艺智能建造	1.1~1.2	智能建造与建筑工业化协同发展（CECA/GA 10–2014 文中新材料、新设备、新技术工期考虑系数 1.1~1.2）
绿建	1.3	
超大体量公共建筑	1.16	高度超过 24 米的公共建筑，称为大体量建筑。如大型的体育馆、影剧院、车站、航空港、展览馆、博物馆等（参考成都 2019 造价咨询专业调整系数）
非标设备	1.1~1.2	如红外线干燥室、静电喷漆室、屏蔽暗室等（参考计价格〔2002〕10 号文）（CECA/GA 10–2014 文中新材料、新设备、新技术工期考虑系数 1.1~1.2）
超高层	1.16	40 层以上，建筑高度超 100 米（参考成都 2019 造价咨询专业调整系数）

7.5　计算示例

　　人工工日法是按照投入不同等级工程造价专业技术人员的人工成本核算工程造价咨询服务成本，再考虑工程实际情况乘以专业调整系数和工程复杂程度调整系数，汇总即为服务成本总额。

即基于人工工日法计算工程造价咨询服务收费需要考虑造价咨询服务的项目人员咨询服务收费工日单价（需要区分项目人员职级）和咨询时间两个维度，收费计算公式为：$S = \sum_{i=1}^{n} P_i \times T_i$

其中：咨询服务收费工日单价 P_i：需要咨询企业将咨询服务成本从公司层面到项目层面再到人员层面进行合理分摊，不同类别的人员采用不同的工日单价。

咨询时间 T_i：它属于企业的个别工作时间，可参照《建设工程造价咨询工期标准（房屋建筑工程）》（CECA/GC 10-2014）的范式测算咨询企业的工期定额。人工消耗量按照工程大小划分不同档次，按照档次测算出消耗的人工工日数参考标准。

例：某房屋建筑工程的咨询服务合同约定为编制工程量清单，工程总造价为 8000 万元。不属于复杂工程。

首先参照表 7-31 确定咨询服务收费工日单价 P_i。

再确定咨询时间 T_i。例如，参照四川省造价工程师协会测算的人工消耗量标准（详见附录 10 中 3.2 投资决策类服务项目人工消耗量），8000 万元的项目清单编制工作需要 52 人/工日。

企业据此确定本项目各个职级人员的具体参与工日数（见表 7-34）。

表 7-34 本项目的人工消耗量

单位：人/工日

服务项目	人员职级	人工消耗量
项目清单编制	具有高级工程师资格的一级注册造价工程师（1 名）	2
	一级注册造价工程师（1 名）	5
	二级注册造价工程师（2 名）	34
	工程造价辅助人员（1 名）	11
小计		52

咨询服务成本 =（4180×2+3448×5+2299×34+1672×11）×1×1

= 12.22 万元

若企业此项目的预期利润是 10%，则：

咨询服务收费 =12.22/0.9=13.58 万元

7.6　人工工日法的实践应用

7.6.1　实践应用的困难分析

采用"人工工日法"确定咨询服务收费，有下列实践中的困难：

（1）项目成本核算制度缺失，不能满足基础统计数据的收集要求。

目前，我国部分工程造价咨询企业还未能真正进行有效的项目成本核算。具体有以下不同的表现形式：

1）部分企业未对咨询任务进行项目管理，因此无法进行项目核算和成本管理。

2）部分公司咨询的项目过多，或者因为进行项目核算需要支出的成本较大，出于效益原因考虑，未能配备相应的人力物力进行项目核算。

3）部分企业管理粗放，尚未意识到项目核算的必要性。

4）部分项目由于自身特点，未进行项目核算。例如：某些项目过短，项目过小；某些项目周期过长，但划分较细，从事该项目的人员同时进行其他项目的咨询，业务相对交叉。

5）咨询公司成本管理与其他公司不同，人工成本较大，占企业成本费用50%以上，其他成本相对比例较小，容易被忽视；同时，某些项目常常出现人员的交叉，大多数工程造价咨询公司都是同时开展若干项目，咨询项目交叉同时进行，人员变动较大，某些造价人员同时从事多个项目的造价咨询工作，将人工费计入相应的项目需要精细化、制度化管理。

（2）财务管理粗放，不能满足中间变量和参数的测算要求。

目前，大部分工程造价咨询企业管理还较为粗放，在项目的收入分配、成本核算、分析评价等方面的管理还不够精细。收入基本能够通过合同与项目挂钩，但由于公司存在多部门协作或集团内部协作关系，此类项目收入分配方面还没有形成规范的收入分配模式，对一些业务相关的支撑部门的产值分配也没有统一的标准。在成本费用方面，虽然已经建立了较为全面的日常管理流程，能够满足一般部门管理的需要，但具体到项目成本费用上，目前还只能归集到部门层面，没有能够完全按项目归集，相关信息的采集也缺乏流程化、规范化。

（3）成本控制机制的执行力度不够，成本测算困难。

受企业经营体制和历史遗留因素的影响，企业成本管理制度虽然已经建立，但是执行力不强，尤其是特殊项目（某些项目周期过长，但划分较细，从事该项目的人员同时进行其他项目的咨询，因此业务相对交叉）的执行中疏于费用的划分和归集。很多企业因为各个部门、各个岗位的职权没有和企业成本管理体制相对应，在执行过程中无法进行成本控制方面的考核，给成本测算带来了一定的困难。

7.6.2 实践应用的建议

基于上述分析，提出"人工工日法"的应用建议。

7.6.2.1 以项目核算为基础进行成本核算

（1）对项目进行分类。

首先依据《服务清单》进行咨询项目一级分类，其次按照项目类型、金额大小、区域远近、周期长短等项目属性进行二次分类。针对每种类型的项目进行分类管理，对项目分类进行编码对应，借助数据库进行成本基础数据的收集及后续的数据处理。

（2）注重项目进行过程中的成本核算。

按项目核算，应对项目全过程加以成本记录和管理。项目计划和实施的全阶段进行全程成本核算。例如：进行费用报销时，必须列明项目名称和费用属性类型，以防止核算不清。强化过程管控和建立绩效考核模式，有助于实现企业以项目为单位的精细化成本管理。不仅能够完成企业"基于人工工日法"的自主报价，还能进行项目的成本优化：分析项目进行中是否提高了效益，节省了支出，是否需要进行咨询过程的优化。

7.6.2.2 企业应建立健全成本管理制度

（1）建立项目层面的成本分摊制度。

企业应建立健全成本管理制度，结合工程造价咨询企业的特殊性，充分考虑成本管理制度的可行性与现实性。工程造价咨询企业应结合本企业品牌效应、管理成本与项目组及项目成员人工成本的关系，明确不同项目的管理成本与人工成本，对成本在公司层面与项目层面再到人员层面进行合理分摊，同时在财务会计方面进行合理计量，明确单位项目的成本。

（2）建立目标成本管理制度。

工程造价咨询企业应结合长期的工作实践，对不同类型的项目制定目标成本（率），实现成本的精细化管理。在事前设定目标，事中不断反馈调整，事后予以考核，并与各项目组及成员的经济收入挂钩，使咨询企业实现成本最优化。

7.6.2.3 提高企业"以项目为单位"的成本管理意识

工程造价咨询企业面临着复杂的外部环境，因此需要加强财务管理，特别是成本控制和管理，以增加企业的竞争实力，促进企业可持续发展。应强化企业全体员工的成本管理和控制意识，建立完善的企业成本控制制度和考核机制，强化以项目为基础进行成本核算和管理，建立有效的成本控制和考核模式，促进企业整体成本的降低和效益的提高。

7.6.3 实践应用的适用性思考

7.6.3.1 关于合同类型

式（7-1）是基于"人工工日法"的工程造价咨询服务收费计算方法。实际上，无论是人工工日法还是差额定率累进法，都是收费的计算方法。至于造价咨询合同是采用总价合同还是单价合同，与收费计算方法的采用有一定的关系，但也并不绝对。

差额定率累进法对应总价合同。因为该计算方法是按照某一计费基数的百分比和调整系数进行报价。计费基数依据咨询业务种类的不同，可以是投资额、也可以是不同阶段的工程造价（如概算价、招标控制价、结算价等）。

人工工日法同样可以对应总价合同。由造价咨询公司依据咨询委托方要求，综合考虑咨询项目的内容、规模、专业特性、项目特点，组建咨询项目组团队，分别预估不同职级人员的咨询时间及咨询服务工日单价，根据式（5-1）计算出收费总价。

人工工日法也可以对应单价合同。由咨询委托方确定咨询项目的人员构成、数量及咨询服务完成时间，由造价咨询公司填报不同职级造价人员的工日服务单价。在咨询服务的具体实施过程中，据实记录不同职级服务人员的服务时长。咨询服务结算时，根据式（5-1）计算出实际的咨询服务费。

从目前的实践来看，总价合同可能更为适宜，但需要咨询公司对本企业的咨询工作效率及企业的成本利润有准确的统计分析数据。但对于特殊的咨询服务项目，为保证咨询质量，鼓励咨询企业探索创新提供增值服务，采用单价合同也未尝不可。

这恰恰也是人工工日法相较差额定率累进法的优点之一：适应合同类型的灵活性，可以更好地对应实践中的常规或特殊的咨询服务要求。

7.6.3.2 奖励及惩罚的引入

在委托服务范围准确描述、咨询服务的职责和义务准确约定的情况下，实行咨询服务质量评价，将评价结果与奖励或惩罚约定相对应，人工工日法的咨询服务收费即为工时费用和奖励或惩罚之和。

例如，与单价合同配套使用，咨询的服务时长可作为奖励及惩罚的一个维度。如此一来，单价合同的公平性（咨询委托方与咨询企业风险分担）与咨询企业的高效服务有望得到统一。

此外，基于新技术的全过程造价咨询等新兴造价增值业务会在咨询企业承揽的咨询业务中的比重越来越高，而这样的咨询业务相较传统咨询业务的风险肯定要大得多。为了鼓励咨询企业提升咨询能力，勇于采用新技术新方法，奖励及惩罚的引入不失为一种产出型引导，让咨询企业有动力并且有信心通过高质量的或增值的服务获得咨询服务工作的认可。

同时，咨询委托方对咨询增值服务的理解和认可度（咨询服务评价）通过奖励及惩罚予以体现，也是对咨询委托方服务价值理解能力的一种要求，不失为一种输入型引导。造价咨询公司需要通过其专业素质及能力的展示，建立咨询委托的专业信任感，充当咨询委托方的智囊团，引导咨询委托方外延他们的造价咨询需求，帮助咨询委托方咨询委托意识的成长。造价咨询可以是双赢的局面，造价咨询业的整体技术升级需要依靠两方主体共同努力。

7.6.3.3 新兴咨询服务项目的收费

随着工程造价咨询服务的市场需求愈发向建设项目全寿命周期的前端延伸，工程造价咨询服务的工作重心也在向全过程造价管理、全过程工程造价咨询的方向偏移。随着 BIM 技术的兴起，PPP 融资模式、EPC 发包模式的行业推进，工程造价咨询服务的内涵和服务标准需要准确定义，与之匹配的造价咨询服务收费需要分析。同时，人工智能 AI、5G、区块链、云技术、三维扫描、地理信息系统 GIS、数码制造、大数据、物联网、无人机、增强现实 AR、虚拟现实 VR、全息 Holo 等 BIM+ 的新技术应用，对应的服务成本的增加及服务质量及效率的提升，如何衡量？

  "人工工日法"可以"以不变应万变"。无论是新技术的应用还是新领域的工程造价咨询服务，式（7-1）的计算均能成立。P_i 和 T_i 的含义及费用构成均不变，咨询企业只需要收集统计数据、动态调整参数数值就能完成自定义的成本标准。

第8章 结论及建议

工程造价咨询服务成本与咨询服务收费的研究可以解决造价咨询服务双方的价格认同问题，有利于维持正常的市场秩序，为咨询服务的提供者和接受者提供咨询服务收费和付费的参考。

工程造价咨询服务成本与咨询服务收费的研究为工程造价咨询企业付出的必要劳动消耗、咨询资源投入、业务操作规程执行等质量保障条件得到回报提供依据，也是提高工程造价咨询服务质量的必经之路，有助于工程造价咨询行业的长期健康和可持续发展。

研究工程造价咨询服务成本的构成可以为工程造价咨询企业掌握本企业的成本管理水平提供依据，进一步提升和完善企业的咨询服务管理能力。咨询企业应该建立、健全企业内部价格管理制度，按价值规律，客观公允制定企业咨询服务价格，进行本企业咨询服务市场调节价的合理定价。

收费机制的完善可以平衡咨询服务双方的利益，保证咨询服务质量，同时让咨询服务收费合理"有价"。咨询委托方重点关注的不再是低价的服务，而是优质优价的服务；咨询企业之间的竞争将从资质竞争转向信用竞争，从价格竞争转向价值竞争，从人脉竞争转向实力竞争。收费机制的完善，可以使行业自律由原来的"价格控制"转变成"行为控制"，促进整个行业转型升级的早日实现。

8.1 结 论

本书以工程造价咨询服务成本构成要素的研究为基础，分析工程造价咨询服务的特点，引入《工程造价咨询企业服务清单》（CCEA/GC 11−2019），引入市场定价理论，探讨工程造价咨询服务收费的影响因素和工程造价咨询服务收费的形成机制。

在上述理论分析的基础上，在对目前工程造价咨询服务收费方法梳理的基础上，分别针对差额定率累进法和人工工日法给出了成本标准及建议。上述研究过程中形成了以下主要结论：

8.1.1　工程造价咨询服务成本的构成

工程造价咨询服务成本的构成为：项目人员绩效、材料设备费、企业管理费、税费、风险费。

8.1.2　《服务清单》的引入

成本与价值原本无关，价值是由市场（咨询委托方）的接受度所决定的。咨询委托方按照价值付费，而咨询企业希望依据咨询服务成本报价。《服务清单》的引入，通过"服务标准"搭建了成本与质量之间的桥梁，解决了咨询委托方与工程造价咨询企业的效用函数不一致的难题。

《服务清单》1.0.3 款：签订工程造价咨询合同时，应在合同中明确工程造价咨询服务的服务项目、服务内容、服务质量和与之相应的服务价格。《服务清单》的这条规定给出了建立成本和价值关联度的实现路径。委托人的感知价值可以通过咨询企业提供服务的质量来对应，而服务质量会决定咨询服务的必要生产资料消耗和劳动消耗，间接地决定了造价咨询服务与之匹配的价格。

《服务清单》可理解为咨询服务的质量标准。本书探讨的是以《服务清单》为准绳，《服务清单》下咨询服务收费的形成机制。工程造价咨询企业的收费依据《服务清单》给出的统一标准予以确定，避免报价的较大差异及不平衡性，在收费标准上做到咨询委托方和工程造价咨询企业的信息对称。

8.1.3　咨询服务收费的形成机制

《国家发展改革委关于进一步放开建设项目专业服务价格的通知》（发改价格〔2015〕299 号）第二款："服务价格实行市场调节价后，经营者应严格遵守《中华人民共和国价格法》《关于商品和服务实行明码标价的规定》等法律法规规定，告知委托人有关服务项目、服务内容、服务质量，以及服务价格等，并在相关服务合同中约定。"

《工程造价咨询企业服务清单》（CCEA/GC 11–2019）响应了 299 号文，解决了工程造价咨询服务"服务项目、服务内容、服务质量"的统一标准化的问题。与"服务项目、服务内容、服务质量"匹配的"服务价格"则是本书解决的问题。

咨询服务收费的形成机制为：服务收费与《服务清单》建立紧密联系，在规范化服务项目、服务内容、服务质量的前提下，确定匹配的咨询服务成本，考虑市场竞争，确定利润后，即形成服务收费。

咨询服务收费是在咨询服务成本的基础上，考虑利润予以最终确定。

关于咨询服务成本：提供同种服务的各个咨询企业在专业素质、服务条件和经营管理等方面是不尽相同的，咨询服务的个别成本及质量也就有高有低。咨询企业的价格应以各个咨询企业的个别成本为基础。

关于利润：咨询业务的利润受地域环境（竞争程度）、咨询委托方管理水平（理解认可咨询服务质量的能力）的影响，是两方主体博弈的结果，属于市场行为。

在国家进一步放开建设项目专业服务价格，实行市场调节价的背景下，课题组对咨询服务成本予以研究，通过对比分析、专家论证、市场调查、问卷测算给出成本参考标准。企业在参考成本标准的基础上，结合企业的预期利润，即可实现造价咨询服务的报价。

8.1.4 基于"差额定率累进法"的咨询服务成本标准及建议

（1）建议发布标准的形式：参照江西省或四川省的做法，发布成本的参考标准，而不是收费的参考标准。市场竞争下的利润是企业各自的追求，由企业自定义，利润不应该进入参考标准。因此，发布的参考标准应该是不含利润的成本标准。

（2）建议服务项目的列项：采用四川的方式，与《服务清单》密切联系，响应国家政策。"《服务清单》+ 成本参考标准"配套解决《国家发展改革委关于进一步放开建设项目专业服务价格的通知》（发改价格〔2015〕299 号）中提出的"服务项目、服务内容、服务质量、服务价格"匹配问题，为 299 号文落地实施提供技术与方法支撑。

（3）建议差额定率的分档：建议适度加大分档的跨度。分档跨度大一些与行业目前的发展更吻合。如表 8–1 所示的分档下给出差额定率。

表 8-1　建议的差额定率分档

服务项目	计算基数	造价金额					
		500万元以内	500万~5000万元	5000万~1亿元	1亿~5亿元	5亿~10亿元	10亿元以上
……	……	……	……	……	……	……	……

（4）建议发布的方式：中价协每年收集各省、自治区、直辖市的工程造价收费信息，整理后发布，供企业参考，如图 8-1 所示。

图 8-1　建议的成本参考标准发布方式

8.1.5　基于"人工工日法"的咨询服务成本标准及建议

基于人工工日法计算工程造价咨询服务收费需要考虑造价咨询服务的项目人员咨询服务收费工日单价（需要区分项目人员职级）和咨询时间两个维度，收费计算公式为：$S=\sum_{i=1}^{n}P_i \times T_i$，其中：

8.1.5.1　成本工日单价 P_i

建议中价协每年收集各省、自治区、直辖市的工日成本单价 P_i 信息，整理后发布，供企业参考。P_i 参考标准建议采用表 8-2 的形式。

表 8-2　咨询服务收费工日成本单价参考标准的形式

单位：元/工日

工程技术人员资格等级	工日成本单价	技术职称调整系数
一级造价工程师	3448	正高级工程师：1.3 高级工程师：1.1
二级造价工程师	2299	
其他工程造价人员	1672	

注：1. 一级建造师、监理工程师、咨询工程师（投资）、二级建造师等资格人员的工日成本单价与同级造价工程师的工日成本单价标准分别对应。

2. "技术职称调整系数"举例说明：一级造价高级工程师工日成本单价为 3448×1.3=4482 元/工日。

8.1.5.2　咨询时间 T_i

咨询时间 T_i 分为两大类：

（1）与项目实施的时间保持一致。例如，全过程工程咨询、项目管理、代建管理等。这类服务项目的咨询时间与项目的工程总承包合同的约定时间对应，并且在实施过程中，如果工程总承包合同的时间发生变化，则咨询时间也会随之发生变化。

（2）与咨询委托方的时间要求保持一致。例如，工程量清单的编制、工程结算编制或审核等。这类服务项目的咨询时间受咨询委托方需求而定。作为工程造价咨询的服务提供者，咨询企业能做的就是合理组织咨询项目参与人员，在咨询委托方要求的时间期限内完成咨询工作。咨询项目参与人员的配置则通过咨询成本 P_i 予以解决。

8.2　建　议

8.2.1　工程造价咨询服务成本计算方法的选择

可以采用差额定率累进法和人工工日法两种方法。具体项目的服务成本确定方法可以根据实际情况自主选用。

8.2.2　"人工工日法"可分阶段推广

首先，"人工工日法"成为咨询企业内部管理的工具。所有的市场行为都离不开对自身成本的测定。咨询企业在实际工作中需要经常测算内部成本。

其次，"人工工日法"成为咨询企业投标的报价计算方法。咨询企业在投标过程中是相对被动的一方，必须根据招标文件要求提供报价。但万变不离其宗，报价与成本必定息息相关，咨询企业可以利用"人工工日法"内部测算成本作为报价的内部支撑依据。

最后，"人工工日法"在行业内成为公认的咨询服务收费计费方法。随着行业影响力的扩大、专业人员的流动，咨询委托方可能会将"工日单价"报价要求作为辅助说明列入招标文件要求（目前市场上也偶有类似标书出现），"人工工日法"的应用范围、场景将进一步扩大。

8.2.3　《服务清单》与服务收费配套使用

针对同种类服务的内容、深度和质量要求，《服务清单》给出了明确的标准。这在及时、准确地把握市场走向，洞悉市场主体需求、规范服务市场、提高服务质量等方面发挥着积极的作用。同时，也对咨询服务收费起到配套的"标准"作用。工程造价咨询企业的收费依据《服务清单》给出的统一标准予以确定，避免由于服务深度、质量和内容的差异产生的报价差异及不平衡，在收费标准上做到咨询委托方和工程造价咨询企业的信息对称。

《服务清单》+ 成本参考标准"为《国家发展改革委关于进一步放开建设项目专业服务价格的通知》（发改价格〔2015〕299号）的落地实施提供技术与方法支撑。

8.2.4 咨询委托方转变委托观念

随着工程建设规模的扩大和新技术、新政策的涌现，咨询委托方对咨询业务的需求面将越来越广，技术深度要求也越来越高。咨询委托方为获得满意的服务质量，在咨询服务的发包阶段，应逐步淘汰压低咨询报价的做法，逐渐淡化选择低价委托的观念，咨询公司深层的综合价值应更多地被考虑。在咨询服务费用支付阶段，咨询委托方可以引入开放式的评价机制，融入多维软性评价因素来考核咨询成果，并以自身的满意度为衡量标准，通过针对性、激励性的咨询服务收费激发咨询企业高质量完成咨询服务的动力。

8.2.5 工程造价咨询企业谋求自我提升

随着行业的不断发展，有实力的大型工程造价咨询企业可以追求更大的收益，可以组建专业化部门或团队，专门从事项目信息管理系统的研发、云平台的搭建和运维、BIM模型的建立与使用、大数据的分析与共享、新技术的应用与开发等。为咨询委托方提供更全面、更深入的服务，从而获得更可观的收益。不久的将来，咨询企业的核心竞争力，是优化设计的能力，是提出建设性意见的能力，是有效控制投资的能力，是创新能力，是集成管理的能力。

应从以下两方面入手来增强工程造价咨询企业的核心竞争力：

第一，新事物的学习和掌握。面对BIM等新技术，工程造价咨询企业应当抓紧时间进行技术突破。今后，BIM模型将贯穿整个项目建设和运维阶段，因此，模型的建立者、运用者和管理者将会获得相当分量的主动权，甚至能够主导整个项目的进程。近年来，"云"概念风靡全球。所谓的"云端"，实际上就是大数据管理。大型企业需要搭建统一的平台，进行大数据支撑与分析，工程造价领域更是如此。

第二，业务面的全方位拓宽。向前看，可以根据项目需要，为咨询委托方提供市场分析、项目建设方案评价、项目经济效益目标分析等。向后看，可以为咨询委托方提供项目建设进度计划及资金使用需求计划，进行科学性、合理性分析，并向其提供相关专业意见。纵向来看，全过程造价咨询服务能够减少很多不必要的纠纷，更及时、更合理地控制造价，已经得到越来越多的咨询委托方认可。横向来看，全过程工程造价咨询将是工程造价咨询企业发展的趋势。PPP 模式和工程总承包的推行，使咨询服务的需求量增加，咨询内容也突破"造价"的范畴，甚至还将超出工程建设本身。工程的"工"即为科学与技术，"程"即为组织和管理。"工"以设计为先，"程"以经济为要，就工程建设本身而言，咨询服务便涉及了勘察、设计、招标、施工、监理、评估等各个环节，此外，围绕着工程建设本身，还有会计咨询、法务咨询、管理咨询、信息咨询等。因此，现代大型咨询企业将是"技术 +经济 + 信息"的集成管理，在发展过程中应注重补强工程技术上的短板，吸纳非工程行业的精英。

工程造价咨询企业服务收费的议价权应基于上述核心竞争力的支撑。工程造价咨询企业能够本着质量可靠、效率优先的原则，利用数字化新技术，使用 BIM+（5G、AI、区块链、大数据、GIS、无人机、AR、VR 等）现代咨询服务手段，提供项目策划、技术顾问咨询、建筑设计、施工指导监督和后期跟踪等全过程服务，让咨询委托方"感受到"工程造价咨询的增值服务，自然就拥有了咨询服务收费的议价权。

参考文献

［1］沈中友，颜成书.工程造价专业导论［M］.北京：中国电力出版社，2016.

［2］魏雅雅.论全过程工程造价咨询在建筑经济管理中的重要性［J］.建材与装饰，2020（21）：150-151.

［3］尹贻林.大变革、大趋势、大发展——取消工程造价咨询企业资质后的思考［J］.中国招标，2021（8）：78-79.

［4］吾空（中国国际工程咨询协会顾问）.技术和资金，哪个更重要？［EB/OL］.（2022-04-27）［2022-12-20］.http：//www.caiec.org.cn/detail.html？id=968820573259956224.

［5］云汇建筑资讯.我国建筑行业发展现状及趋势：未来仍有较长红利期［EB/OL］.（2022-12-02）［2022-12-20］.https：//baijiahao.baidu.com/s？id=175109616221119 1977&wfr=spider&for=pc.

［6］住房和城乡建设部办公厅.关于印发工程造价改革工作方案的通知［EB/OL］.（2020-07-29）［2022-12-22］.https：//www.mohurd.gov.cn/gongkai/fdzdgknr/tzgg/202007/20200729_246578.html.

［7］荀xun.工程造价市场化改革的根源与挑战［EB/OL］.（2021-06-24）［2022-12-23］.https：//zhuanlan.zhihu.com/p/342023276.

［8］袁舒婕.人民时评：稳步推进要素市场化配置改革［EB/OL］.（2020-04-20）［2022-12-22］.http：//theory.people.com.cn/n1/2020/0420/c40531-31679520.html.

［9］人民网—理论频道.如何理解使市场在资源配置中起决定性作用？［EB/OL］.（2013-11-28）［2022-12-22］.http：//theory.people.com.cn/n/2013/1128/c371950-23682809.html.

［10］百度百科.自由价格机制［EB/OL］.（2022-06-20）［2022-12-22］.https：//zh.wikipedia.org/wiki/%E8%87%AA% E7%94%B1%E5%83%B9%E6%A0%BC%E6%A 9%9F%E5%88%B6.

［11］人民网—人民日报.习近平：关于《中共中央关于全面深化改革若干重大问题的决定》的说明［EB/OL］.（2013-11-16）［2022-12-23］.http：//cpc.people.com.cn/n/2013/1116/c64094-23561783-4.html.

［12］潘星羽，彭楚雄.工程造价咨询服务收费现状与应对探讨［J］.工程经济，

2019，29（4）：45-48.

［13］都彩赟.建筑设计咨询收费标准研究及应用［J］.建筑经济，2018，39（12）：10-14.

［14］谢洪学.工程造价咨询企业服务清单研究［J］.工程造价管理，2020（5）：41-49.

［15］郭屹佳，程伟丽.市场竞争机制下工程造价咨询定价理论研究［J］.四川建材，2020，46（1）：205-206.

［16］陈晨，刘冠军.实现高质量就业与提升人力资本水平研究［J］.中国特色社会主义研究，2019（3）：42-50.

［17］赵荣君，叶彦杰.核电工程咨询服务定价方法探讨［J］.建筑经济，2022，43（S1）：87-89.

［18］浦奕甦.基于顾客感知价值的上海 T 公司技术咨询服务产品定价策略研究［D］.上海：东华大学硕士学位论文，2017.

［19］范小仲.中国要素市场化改革的历史考察［D］.武汉：中南财经政法大学博士学位论文，2019.

［20］齐丹.《资本论》中对资本主义生产目的的批判研究［D］.吉林：吉林大学博士学位论文，2020.

［21］张庆民.我国工程咨询管理与创新研究［D］.天津：天津大学博士学位论文，2009.

［22］李文俊.新时代大学生劳动观培养研究［D］.辽宁：辽宁大学博士学位论文，2021.

［23］袁波.大数据领域的反垄断问题研究［D］.上海：上海交通大学博士学位论文，2019.

［24］温全.绿色建筑中 BIM 全流程应用价值系统研究［D］.大连：大连理工大学博士学位论文，2021.

［25］陶亮.建筑师视角下的工程设计管理策略研究［D］.广州：华南理工大学博士学位论文，2019.

［26］常鑫.基于顾客感知价值的 BIM 咨询服务定价策略影响因素研究［D］.天津：天津大学硕士学位论文，2016.

附 录

附录 1　调查问卷设计

调查问卷分为三个部分：基本信息、工程造价咨询服务成本构成、案例数据。问卷涉及的术语、工程造价咨询服务分类、服务内容及服务质量均以《服务清单》为标准。

1. 基本信息

本部分主要是对调查对象的基本信息进行数据收集，共 5 个小题，主要进行咨询企业资质、营业范围、营业收入、项目人员（直接参与工程造价咨询业务工作）数量的信息收集。

基本信息用于确定咨询企业的资源配置及其利用效率、咨询企业的规模。二者均为工程造价咨询服务成本的影响因素，为此进行了上述影响因素的确定性论证，详见第 2.3 节中的分析论述。

2. 工程造价咨询服务成本构成

首先结合工程造价咨询企业的实际经营管理消耗，同时考虑数据的可采集性和全面性，设计了调查问卷初稿。

其次与相关专家及咨询企业管理人员进行现场访谈，根据反馈意见修改问卷内容。例如，问题项的表述、数据收集的方式等问题；在问题项的表述方面，尽量消除各问题项的歧义。

再次开展预调查，对四川省部分工程造价咨询企业进行初步测试，进行数据分析，并再次修改完善问卷形式和内容。

最后完成问卷定稿。

该部分包括五个咨询服务成本构成要素，共 31 个小题，其中 5 个小题设置为开放式问题，用于补充完善咨询服务成本的构成要素。该部分的数据信息分析成果详见第 7 章。

3. 案例数据

《服务清单》将工程造价咨询服务分为 5 类：投资决策类、技术经济类、经济鉴证类、管理服务类、涉外工程类。因此，该部分问卷依据此分类，对 5 类工程造价咨询服务分别进行数据收集。针对每一类工程造价咨询服务，调查对象都需要在 2017~2019 年已完咨询服务项目中选择 1 个代表性项目进行信息填写。

在企业访谈阶段，课题组首先根据专家反馈意见修改问卷内容，如在规范数据格式方面，对每个需要填空的数据单元格设置规范的数值形式，明确各个数据单元格的量化单位，将需要通过计算才能填写数据的问题项，替换为若干不需计算即可直接填写的问题项；其次通过对四川省部分工程造价咨询企业预调查；再次修改完善问卷形式和内容；最后完成问卷定稿。该部分包括 5 类工程造价咨询服务代表性项目的信息收集问题，每一类各 11 个小题，共 55 个小题。

调查问卷中题项的分配情况如附表 1 所示。

附表 1　问卷题项分配

单位：项

问卷分部	问题
第一部分	5
第二部分	31
第三部分	55

附录 2 调查问卷

"工程造价咨询服务成本构成与咨询服务收费形成机制研究"——调查问卷

尊敬的工程造价咨询企业，您好！

为了适应市场经济的发展形势与需要，维护正常的工程造价咨询市场秩序，确保工程造价咨询服务质量，帮助咨询委托方、工程造价咨询企业协商确定咨询服务收费，特此开展"工程造价咨询服务成本构成与咨询服务收费形成机制研究"问卷调查。

我们向您承诺：本次调查填写的任何信息都将受到严格保密，调查结果只用于课题研究。

向您的支持表示衷心的感谢！

中国建设工程造价管理协会

2020 年 12 月

问卷涉及的术语、工程造价咨询服务分类、服务内容及服务质量均以《工程造价咨询企业服务清单 CCEA/GC 11–2019》（以下简称《服务清单》）为标准，请企业据此标准及公司的实际情况填写。

一、基本信息

1. 企业名称：［选填］

2. 企业的工程造价咨询资质为： ［单选题］*

○甲级资质

○乙级资质

3. 企业的营业收入中，除了工程造价咨询业务（含可研等工程建设前期决策投资服务）收入，还包括有： ［多选题］*

□建设工程监理

□招标代理

□其他业务（若有，请根据企业具体情况填写）_____

□无

4. 企业 2017~2019 年工程造价咨询业务（含项目可行性研究等投资决策类业务）各年的营业收入为：　［表格文本题］*

年份	工程造价咨询业务收入（万元）
2017	
2018	
2019	

5. 企业的项目人员（直接参与工程造价咨询业务工作）构成数量：［表格文本题］*

填写说明：若一人属于两个类别，则按最高级填写。例如，某土建专业人员担任项目经理，同时负责土建专业咨询业务，仅计入"项目经理级人员"，不再计入"专业经理级人员"。

	构成数量（人）
项目经理级人员（部长、项目经理等项目管理人员）	
专业经理级人员（专业经理或副经理等项目管理人员）	
专业技术人员（从事项目工作的非经理级人员）	
助理人员（从事项目工作的其他非注册从业人员）	

二、工程造价咨询服务成本构成

工程造价咨询服务成本由人力成本、材料设备费、企业管理费、税费、风险费构成。关于上述成本的具体构成，请完成本部分的问卷。

1. 人力成本是指工程造价咨询企业项目人员（直接参与工程造价咨询业务工作）的直接费用和间接费用总和。具体包含的内容有：　［多选题］*

□基本工资（含医疗保险费、失业保险费、养老保险费、工伤保险费、生育保险费、企业补充保险费、计提的公积金）

□绩效工资（项目人员完成项目后的绩效费用）

□项目人员差旅费（项目人员因咨询业务工作外出支付的交通费、住宿费和公杂费等各项费用）

□驻场补贴（为保障项目人员外出驻场工作与生活需求，咨询企业发放的补助费）

□上述人力成本之外的其他成本（若有，请根据企业具体情况填写）

————————*

企业 2017~2019 年项目人员（直接参与工程造价咨询业务工作）各年的人力成本为：　［表格文本题］*

填写说明：若一人属于两个类别，则按最高级填写。如，某土建专业人员担任项目经理，同时负责土建专业咨询业务，仅计入"项目经理级人员"，不再计入"专业经理级人员"。

	2017 年	2018 年	2019 年
项目经理级人员（部长、项目经理等项目管理人员）人力成本（万元）			
专业经理级人员（专业经理或副经理等项目管理人员）人力成本（万元）			
专业技术人员（从事项目工作的非经理级人员）人力成本（万元）			
助理人员（从事项目工作的其他非注册从业人员）人力成本（万元）			

2. 材料设备费是指工程造价咨询企业为造价咨询活动耗用的外购材料及设备的费用。具体包含的内容有：　［多选题］*

□咨询活动中必要的计算机、打印复印设备、专业软件、通信网络费用

□咨询活动中购买的纸张材料、办公材料费用

□上述材料设备费之外的其他费用（若有，请根据企业具体情况填写）_____ *

企业 2017~2019 年各年的材料设备费为：　［表格文本题］*

填写说明：若企业涉及工程造价咨询之外的业务，请根据营业额分摊，只填写工程造价咨询业务分摊的材料设备费。

年份	材料设备费（万元）
2017	
2018	
2019	

3. 企业管理费是指工程造价咨询企业组织造价咨询服务和经营管理所需的费用。具体包含的内容有: ［多选题］*

□ 管理人员（年薪制的企业管理人员，如总经理、副总经理、部门经理等）费用（含工薪费用、奖金和津贴、医疗保险费、失业保险费、养老保险费、工伤保险费、生育保险费、企业补充保险费、计提的公积金）

□ 人事、后勤等行政人员费用（含工薪费用、奖金和津贴、医疗保险费、失业保险费、养老保险费、工伤保险费、生育保险费、企业补充保险费、计提的公积金）

□ 办公费（咨询企业的日常管理费用，主要包括企业购置办公用品、企业会议费、资产的折旧、低值易耗品摊销、办公场地租金、物管费用、水电费、通信费、车辆使用费、会务费、工会经费、招聘费、管理部门的对外协调费用等）

□ 注册费（未包含在人力成本和管理人员及行政人员薪酬中，咨询企业单独发放的本企业造价工程师注册费，包括考试等相关费用（若有））

□ 培训费（咨询企业为员工学习先进技术和提高业务水平而发生的学习费、培训费、造价人员参加继续教育等费用）

□ 企业差旅费（企业人员（不含项目人员）因企业管理运营外出支付的交通费、住宿费和公杂费等各项费用）

□ 营销费（咨询企业开拓业务的费用，包括营销人员（含招投标人员）薪酬（含工薪费用、奖金和津贴、医疗保险费、失业保险费、养老保险费、工伤保险费、生育保险费、企业补充保险费、计提的公积金）、企业广告宣传费、投标费用、市场拓展费用等）

□ 研发费用（咨询企业为提升企业服务质量和水平，进行新技术研究、开发和运用发生的费用）

□ 其他费用（咨询企业组织造价咨询服务和经营管理所产生的其他与企业管理有关的费用，如需向各级管理单位交纳的企业会费、个人会费、企业团建活动费用、年体检福利费用等）

□ 上述企业管理费之外的其他费用（若有，请根据企业具体情况填写）

————————*

企业 2017~2019 年各年的企业管理费为： ［表格文本题］*

填写说明：若企业涉及工程造价咨询之外的业务，请根据营业额分摊，只填写工程造价咨询业务分摊的企业管理费。

年份	企业管理费（万元）
2017	
2018	
2019	

4. 企业缴纳的税费具体包括的内容有： ［多选题］*

☐增值税及增值税附加税

☐企业所得税

☐上述企业税费之外的其他税费（如房产税，请根据企业具体情况填写）＿＿＿＿＿＿＿＿＿ *

企业 2017~2019 年各年的税费为： ［表格文本题］*

填写说明：若企业涉及工程造价咨询之外的业务，请根据营业额分摊，只填写工程造价咨询业务分摊的税费。

年份	税费（万元）
2017	
2018	
2019	

5. 风险费是指工程造价咨询业务工作的各项风险成本费用。具体包含的内容有： ［多选题］*

☐现场踏勘或全过程造价管控现场出现的人员意外引发的风险赔偿

☐员工职业道德引起的风险赔偿

☐咨询委托方资金原因引起的收入风险

☐被诉讼引致的诉讼费、律师费、赔偿费等

☐上述风险费之外的其他风险费（若有，请根据企业具体情况填写）＿＿＿＿＿＿＿＿＿ *

企业 2017~2019 年各年的风险费为： ［表格文本题］*

填写说明：若企业涉及工程造价咨询之外的业务，请根据营业额分摊，只填写工程造价咨询业务分摊的风险费。

年份	风险费（万元）
2017	
2018	
2019	

三、案例数据

本部分拟对 5 类工程造价咨询服务项目进行数据收集，请参照《服务清单》进行填写。

在每一类工程造价咨询服务的填写中，首先进行代表性项目对应的编码选择，其次会有对应编码的关联问题弹出，请企业完成全部问题的填写。

1. 投资决策类

请在企业 2017~2019 年的已完咨询服务项目中选取 1 个有代表性的项目进行填写，该代表性项目的对应编码：　　［单选题］*

○ 2017~2019 年未完成该类型项目

○ A001 项目投资机会研究

○ A002 投融资策划

○ A003 项目建议书编制

○ A004 项目可行性研究

○ A005 项目申请报告编制

○ A006 资金申请报告编制

○ A007 PPP 项目咨询

○ A008 项目建议书评估咨询

○ A009 项目可行性研究报告评估咨询

○ A010 项目申请报告评估咨询

○ A011 项目资金申请报告评估咨询

○ A012 PPP 项目评估咨询

（1）企业是否按照《服务清单》的服务内容及服务质量的要求完成此项目的咨询服务：　　［单选题］*

　　○是（全部执行）

　　○否（含部分执行），请说明原因_____*

（2）该项目的完成年份： ［单选题］*

　　○ 2019 年

　　○ 2018 年

　　○ 2017 年

（3）该项目的项目类型： ［单选题］*

　　○房屋建筑工程

　　○市政工程

　　○公路工程

　　○火电工程

　　○水利工程

　　○其他工程（若不属于上述类别，请据实填写项目类型）＿＿＿＿＿＿ *

（4）该项目的项目规模：＿＿＿＿＿（请根据不同的项目类型确定对应的规模单位。例如，房屋建筑工程的规模单位为平方米）。 ［填空题］*

（5）该项目的投资金额：＿＿＿＿＿万元。 ［填空题］*

（6）该项目的咨询合同金额：＿＿＿＿＿万元。［填空题］*

（7）该项目的合同约定时长为＿＿年＿＿月＿＿日至＿＿年＿＿月＿＿日；

该项目的实际服务时长为＿＿年＿＿月＿＿日至＿＿年＿＿月＿＿日。［填空题］*

（8）该项目的营业收入（截止到 2019 年 12 月 31 日）为＿＿＿＿＿万元。［填空题］*

（9）企业按照（　　　　）进行项目人员的收益分配。 ［单选题］*

　　○咨询合同的总金额

　　○项目实际营业收入

（10）请填写该项目的项目人员参与情况与收益分配情况：［表格文本题］*

填写说明：若一人属于两个类别，则按最高级填写。例如，某土建专业人员担任项目经理，同时负责土建专业咨询业务，仅计入"项目经理级人员"，不再计入"专业经理级人员"。

人员职级	构成数量（人）	项目的收益分配（万元）	参与时间（天）
项目经理级人员（部长、项目经理等项目管理人员）			

人员职级	构成数量（人）	项目的收益分配（万元）	参与时间（天）
专业经理级人员（专业经理或副经理等项目管理人员）			
专业技术人员（从事项目工作的非经理级人员）			
助理人员（从事项目工作的其他非注册从业人员）			

2. 技术经济类

请在企业 2017~2019 年的已完咨询服务项目中选取 1 个有代表性的项目进行填写，该代表性项目的对应编码：　　［单选题］*

○ 2017~2019 年未完成该类型项目

○ B101 可行性研究后工程总承包咨询（受建设单位委托）

○ B102 初步设计后工程总承包咨询（受建设单位委托）

○ B103 施工图设计后施工总承包咨询（受建设单位委托）

○ B104 可行性研究后工程总承包咨询（受总承包单位委托）

○ B105 初步设计后工程总承包咨询（受总承包单位委托）

○ B106 施工图设计后施工总承包咨询（受总承包单位委托）

○ B201 建筑策划

○ B202 投资估算编制

○ B203 投资估算审核

○ B204 总体设计方案经济分析

○ B205 专项设计方案经济分析

○ B206 限额设计经济分析

○ B207 设计优化经济分析

○ B208 项目设计概算编制

○ B209 项目设计概算审核

○ B210 施工图预算编制

○ B211 施工图预算审核

○ B212 招标采购策划及合约规划

○ B213 招标（采购）咨询

○ B214 项目资金使用计划编制

○ B215 项目清单编制

○ B216 项目清单审核

○ B217 最高投标限价（标底）编制

○ B218 最高投标限价（标底）审核

○ B219 投标报价编制

○ B220 施工阶段造价控制

○ B221 生产要素价格咨询

○ B222 工程竣工结算编制

○ B223 工程竣工结算审核

○ B224 合同解除或中止的结算编制

○ B225 项目竣工财务决算报告编制

○ B226 造价指标咨询

○ B227 涉案工程造价咨询

○ B228 BIM 管理咨询

○ B229 设计阶段 BIM 应用实施咨询

○ B230 施工阶段 BIM 应用实施咨询

○ B231 运维阶段 BIM 应用实施咨询

○ B232 其他 BIM 咨询

○ B233 运维咨询

○ B234 大修技改咨询

（1）企业是否按照《服务清单》的服务内容及服务质量的要求完成此项目的咨询服务：　［单选题］*

　　　○是（全部执行）

　　　○否（含部分执行），请说明原因_____*

（2）该项目的完成年份：　［单选题］*

　　　○ 2019 年

　　　○ 2018 年

　　　○ 2017 年

（3）该项目的项目类型：　　［单选题］*

　　○房屋建筑工程

　　○市政工程

　　○公路工程

　　○火电工程

　　○水利工程

　　○其他工程（若不属于上述类别，请据实填写项目类型）_____*

（4）该项目的项目规模：_____（请根据不同的项目类型确定对应的规模单位。例如，房屋建筑工程的规模单位为平方米）。［填空题］*

（5）该项目的工程造价：_____万元。［填空题］*

填写说明：工程造价根据不同的咨询服务项目，可以具体为：估算价、概算价、预算价、招标控制价、投标价、合同价、送审结算价、审定结算价等，请根据项目实际情况填写。

（6）该项目的咨询合同金额：_____万元。［填空题］*

（7）该项目的合同约定时长为____年____月____日至____年____月____日；

　　该项目的实际服务时长为____年____月____日至____年____月___日。［填空题］*

（8）该项目的营业收入（截止到2019年12月31日）为_____万元。［填空题］*

（9）企业按照（　　　　）进行项目人员的收益分配。［单选题］*

　　○咨询合同的总金额

　　○项目实际营业收入

（10）请填写该项目的项目人员参与情况与收益分配情况：［表格文本题]*

填写说明：若一人属于两个类别，则按最高级填写。例如，某土建专业人员担任项目经理，同时负责土建专业咨询业务，仅计入"项目经理级人员"，不再计入"专业经理级人员"。

人员职级	构成数量（人）	项目的收益分配（万元）	参与时间（天）
项目经理级人员（部长、项目经理等项目管理人员）			
专业经理级人员（专业经理或副经理等项目管理人员）			

人员职级	构成数量（人）	项目的收益分配（万元）	参与时间（天）
专业技术人员（从事项目工作的非经理级人员）			
助理人员（从事项目工作的其他非注册从业人员）			

3. 经济鉴证类

请在企业 2017~2019 年的已完咨询服务项目中选取 1 个有代表性的项目进行填写，该代表性项目的对应编码：　［单选题］*

○ 2017~2019 年未完成该类型项目

○ C101 设计概算评审

○ C102 调整概算评审

○ C103 施工图预算评审

○ C104 最高投标限价（标底）评审

○ C105 工程变更评审

○ C201 跟踪审计

○ C202 工程竣工结算审计

○ C203 项目竣工财务决算审计

○ C301 工程造价鉴定

○ C302 工程工期鉴定

（1）企业是否按照《服务清单》的服务内容及服务质量的要求完成此项目的咨询服务：　［单选题］*

　　○是（全部执行）

　　○否（含部分执行），请说明原因＿＿＿＿＿＿＿＿＿＿*

（2）该项目的完成年份：　［单选题］*

　　○ 2019 年

　　○ 2018 年

　　○ 2017 年

（3）该项目的项目类型：　［单选题］*

　　○房屋建筑工程

　　○市政工程

○公路工程

○火电工程

○水利工程

○其他工程（若不属于上述类别，请据实填写项目类型）_____ *

（4）该项目的项目规模：_____（请根据不同的项目类型确定对应的规模单位。例如，房屋建筑工程的规模单位为平方米）。 ［填空题］*

（5）该项目的工程造价：_____万元。 ［填空题］*

填写说明：工程造价根据不同的咨询服务项目，可以具体为：送审或审定的概算价、预算价、招标控制价、合同价、竣工结算价等，请根据项目实际情况填写。

（6）该项目的咨询合同金额：_____万元。 ［填空题］*

（7）该项目的合同约定时长为____年____月____日至____年____月____日；

该项目的实际服务时长为____年____月____日至____年____月____日。 ［填空题］*

（8）该项目的营业收入（截止到 2019 年 12 月 31 日）为_____万元。 ［填空题］*

（9）企业按照（　　　　）进行项目人员的收益分配。 ［单选题］*

○咨询合同的总金额

○项目实际营业收入

（10）请填写该项目的项目人员参与情况与收益分配情况：［表格文本题］*

填写说明：若一人属于两个类别，则按最高级填写。例如，某土建专业人员担任项目经理，同时负责土建专业咨询业务，仅计入"项目经理级人员"，不再计入"专业经理级人员"。

类别＼事项	构成数量（人）	项目的收益分配（万元）	参与时间（天）
项目经理级人员（部长、项目经理等项目管理人员）			
专业经理级人员（专业经理或副经理等项目管理人员）			
专业技术人员（从事项目工作的非经理级人员）			
助理人员（从事项目工作的其他非注册从业人员）			

4. 管理服务类

请在企业 2017~2019 年的已完咨询服务项目中选取 1 个有代表性的项目进行填写，该代表性项目的对应编码：［单选题］*

 ○ 2017~2019 年未完成该类型项目

 ○ D101 项目（代建）管理

 ○ D201 项目风险评估

 ○ D202 建设单位管理制度咨询

 ○ D203 施工企业经营与管理咨询

 ○ D204 项目信息管理咨询

 ○ D205 项目后评价

（1）企业是否按照《服务清单》的服务内容及服务质量的要求完成此项目的咨询服务：［单选题］*

  ○是（全部执行）

  ○否（含部分执行），请说明原因_____*

（2）该项目的完成年份：［单选题］*

  ○ 2019 年

  ○ 2018 年

  ○ 2017 年

（3）该项目的项目类型：［单选题］*

  ○房屋建筑工程

  ○市政工程

  ○公路工程

  ○火电工程

  ○水利工程

  ○其他工程（若不属于上述类别，请据实填写项目类型）_____*

（4）该项目的项目规模：_____（请根据不同的项目类型确定对应的规模单位。例如，房屋建筑工程的规模单位为平方米）。［填空题］*

（5）该项目的投资金额：_____万元。［填空题］*

（6）该项目的咨询合同金额：_____万元。［填空题］*

（7）该项目的合同约定时长为___年___月___日至___年___月___日；

该项目的实际服务时长为____年____月____日至____年____月____日。
［填空题］*

（8）该项目的营业收入（截止到2019年12月31日）为_____万元。
［填空题］*

（9）企业按照（　　　　）进行项目人员的收益分配。　［单选题］*

　　　　○咨询合同的总金额

　　　　○项目实际营业收入

（10）请填写该项目的项目人员参与情况与收益分配情况：［表格文本题］*

填写说明：若一人属于两个类别，则按最高级填写。例如，某土建专业人员担任项目经理，同时负责土建专业咨询业务，仅计入"项目经理级人员"，不再计入"专业经理级人员"。

	构成数量（人）	项目的收益分配（万元）	参与时间（天）
项目经理级人员（部长、项目经理等项目管理人员）			
专业经理级人员（专业经理或副经理等项目管理人员）			
专业技术人员（从事项目工作的非经理级人员）			
助理人员（从事项目工作的其他非注册从业人员）			

5. 涉外工程类

请在企业2017~2019年的已完咨询服务项目中选取1个有代表性的项目进行填写，该代表性项目的对应编码：　　［单选题］*

○ 2017~2019年未完成该类型项目

○ E001 投资环境咨询

○ E002 市场价格咨询

○ E003 风险评估咨询

○ E004 对外投资项目咨询

○ E005 对外承包项目咨询

○ E006 外商在华投资项目咨询

○ E007 对外援助项目咨询

（1）企业是否按照《服务清单》的服务内容及服务质量的要求完成此项目的咨询服务： ［单选题］*

　　　　○是（全部执行）

　　　　○否（含部分执行），请说明原因_____*

（2）该项目的完成年份： ［单选题］*

　　　　○ 2019 年

　　　　○ 2018 年

　　　　○ 2017 年

（3）该项目的项目类型： ［单选题］*

　　　　○房屋建筑工程

　　　　○市政工程

　　　　○公路工程

　　　　○火电工程

　　　　○水利工程

　　　　○其他工程（若不属于上述类别，请据实填写项目类型）_____*

（4）该项目的项目规模：_____（请根据不同的项目类型确定对应的规模单位。例如，房屋建筑工程的规模单位为平方米）。 ［填空题］*

（5）该项目的投资金额：_____万元。 ［填空题］*

（6）该项目的咨询合同金额：_____万元。 ［填空题］*

（7）该项目的合同约定时长为___年___月___日至___年___月___日；

　　该项目的实际服务时长为___年___月___日至___年___月___日。

［填空题］*

（8）该项目的营业收入（截止到 2019 年 12 月 31 日）为_____万元。

［填空题］*

（9）企业按照（　　　　）进行项目人员的收益分配。 ［单选题］*

　　　　○咨询合同的总金额

　　　　○项目实际营业收入

（10）请填写该项目的项目人员参与情况与收益分配情况：［表格文本题］*

填写说明：若一人属于两个类别，则按最高级填写。例如，某土建专业人员担任项目经理，同时负责土建专业咨询业务，仅计入"项目经理级人员"，不再计入"专业经理级人员"。

	构成数量（人）	项目的收益分配（万元）	参与时间（天）
项目经理级人员（部长、项目经理等项目管理人员）			
专业经理级人员（专业经理或副经理等项目管理人员）			
专业技术人员（从事项目工作的非经理级人员）			
助理人员（从事项目工作的其他非注册从业人员）			

附录3 调查问卷的数据收集

为了使样本具有代表性和全面性，能够反映全国咨询企业收费管理水平的全貌，本书的课题组于 2020 年 12 月 14~31 日在全国范围内通过问卷星的形式发放问卷。共回收 237 份问卷，剔除无效问卷 74 份（无效问卷包括第 4 章成本构成分析时剔除的问卷、数据存在明显错误的问卷、内容信息不完整的问卷、明显不合理时间内完成全部答题的问卷），最终回收有效问卷 163 份，问卷有效率为 68.78%。调查数据反映了各调查地区 2017~2019 年的工程造价咨询服务收费水平。

有效问卷的地域覆盖包括东部 8 省和 3 个直辖市、中部 3 省和 1 个自治区、西部 1 省和 1 个自治区的共计 46 个城市和地区。有效问卷中参与调查的咨询企业覆盖地域、省份、城市或地区、覆盖企业数量、地市级别情况如附表 2 所示。

附表 2 调查样本基本情况

单位：家

覆盖地域	省份	城市或地区	覆盖企业数量	地市级别
东部	—	北京	3	直辖市
	—	上海	1	直辖市
	—	天津	1	直辖市
	浙江	杭州	1	省会
	福建	福州	1	省会
		泉州	1	地级市
	广东	广州	1	省会
		佛山	1	地级市
		中山	1	地级市
	山东	淄博	1	地级市
	安徽	合肥	4	省会
		安庆	5	地级市
		蚌埠	1	地级市
		亳州	1	地级市
		滁州	5	地级市

续表

覆盖地域	省份	城市或地区	覆盖企业数量	地市级别
东部	安徽	阜阳	1	地级市
		黄山	7	地级市
		六安	1	地级市
		马鞍山	6	地级市
		铜陵	1	地级市
	海南	海口	9	省会
	黑龙江	哈尔滨	20	省会
		大庆	2	地级市
		齐齐哈尔	1	地级市
	吉林	长春	9	省会
		吉林	2	地级市
		松原	1	地级市
中部	湖南	长沙	1	省会
		湘西	1	自治州
	江西	南昌	12	省会
		九江	2	地级市
		赣州	4	地级市
	山西	太原	4	省会
	内蒙古	呼和浩特	4	首府
		包头	4	地级市
		鄂尔多斯	3	地级市
西部	四川	成都	10	省会
		雅安	1	地级市
		宜宾	1	地级市
	新疆	乌鲁木齐	19	首府
		克拉玛依	1	地级市
		伊犁	1	自治州
		昌吉	1	自治州
		巴音郭楞	2	自治州
		阿克苏	3	县级市
		阿勒泰	1	县级市

附录4 调查问卷数据的有效性分析

1. 问卷样本分析

对回收的有效问卷进行描述性分析。利用频率频次的分析方法对问卷调查对象的资质、营业范围、造价业务的营业收入、项目人员数量进行分析，分析结果如附表3所示。

附表3 样本基本信息统计

内容信息 分析点	分类	频次（N）	频率
企业资质	甲级资质	140	85.59%
	乙级资质	23	14.11%
营业范围	仅限于工程造价咨询	78	47.85%
	有工程造价咨询之外的业务	85	52.15%
工程造价业务的营业收入	0~500万元	66	40.49%
	500万（含）~1000万元	40	24.54%
	1000万（含）~2000万元	42	25.77%
	2000（含）万元及以上	15	9.20%
项目人员数量	0~20人	61	37.42%
	20（含）~59人	102	62.58%

通过以上分析可以看出，在回收的有效问卷中：

（1）从咨询企业资质来看，甲级企业比例明显高于乙级企业比例，反映了造价咨询业整体业务能力和综合水平提升的现状。

（2）从咨询企业营业范围来看，有造价咨询之外业务的企业达到了52.15%，这与建筑业推行总承包模式、全过程咨询的大环境相吻合。

（3）从造价业务的营业收入来看，目前我国工程造价咨询企业的收入阶梯跨度较大，65.03%的被调研企业年均收入在1000万元以下，仅9.20%的企业年均收入在2000万元以上，说明我国目前的工程造价咨询龙头企业还较少。

（4）从项目人员数量来看，绝大多数的工程造价咨询企业项目人员配备在60人以下，这与目前工程造价咨询企业规模以中小型企业为主相吻合。

综上所述，本次调查问卷的样本数据符合国内现状，可以接受。

此外，通过问卷的第三部分"项目的收益分配"进行不同企业的"绩效工资率"数据分析。

人力成本构成中的绩效工资是指项目人员完成项目后的绩效费用（区分不同职级）。此处的分析，是通过企业的咨询服务项目的全体项目参与人共同的收益分配来测度企业的绩效工资率（见附图 1），因此，附图 1 中的绩效工资与人力成本构成中的绩效工资的主体是不同的：前者宏观，涉及全体项目参与人；后者微观，针对不同职级的项目参与个人。

附图 1 中的绩效工资率可以界定为：全体项目参与人的项目收益占项目的咨询合同总金额（或项目实际营业收入）的比率。不同的企业进行项目参与人的项目收益分配（提成）时考虑的基数是不同的，大致有两种情况：第一种情况是以咨询合同的总金额为提成的基数（见式（1））；由于工程造价咨询合同价款支付存在拖欠问题，因此还有第二种情况：以项目实际营业收入为提成的基数（见式（2））。

$$绩效工资率 = \frac{全体项目参与人的项目收益}{咨询合同的总金额} \times 100\% \quad （1）$$

$$绩效工资率 = \frac{全体项目参与人的项目收益}{项目实际营业收入} \times 100\% \quad （2）$$

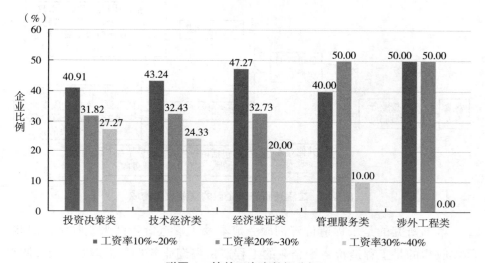

附图 1　绩效工资率数据分析

问卷基于《服务清单》的 5 类工程造价咨询服务分别进行了数据收集。依据问卷调查数据，绩效工资率可以分为 3 个区间：10%~20%、20%~30%、30%~40%。附图 1 中，大多数企业（40% 以上）的投资决策类、技术经济类和经济鉴证类三类项目的绩效工资率在 10%~20%；50% 的企业的管理服务类绩效工资率在 20%~30%；涉外工程类的绩效工资率较为均匀地分布于 10%~30%。

不同类型的工程造价咨询服务的服务内容、人员配置、企业的配套管理投入（企业管理费）是有差异的。传统工程造价咨询业务（投资决策类、技术经济类和经济鉴证类）比较成熟，企业的配套管理已流程化，故项目的提成率在 10%~20%；管理服务类咨询项目可能涉及行业改革的外延新兴业务的拓展，无论是专业性还是创新性都需要挑战，这样的咨询项目，企业给予的绩效工资率偏高一点（20%~30%）完全符合当前的行业发展和企业业态。因此，基于绩效工资率的数据分析也判定了样本数据的可靠性。

2. 均值分析

问卷对企业 2017~2019 年工程造价咨询业务（含项目可行性研究等投资决策类业务），各年的营业收入、咨询服务成本进行了数据收集。因此，下文的平均是指 2017 年、2018 年及 2019 年三年数据的平均。

（1）企业平均营业收入。

工程造价咨询企业的营业收入构成如附图 2 所示。

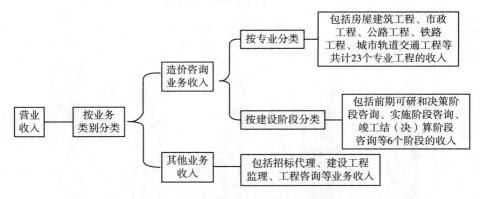

附图 2　工程造价咨询企业的营业收入构成

本书研究的是工程造价咨询服务成本及工程造价咨询服务收费，因此，问卷收集的是工程造价咨询企业的工程造价咨询业务收入（详见附录 2 调查问卷的第一部分第 3、第 4 小题），其他业务收入不在本调查问卷范围内。

　　问卷调查结果显示：被调研企业3年平均工程造价咨询营业收入为2875.71万元，其中，最高平均工程造价咨询营业收入为5696.13万元，最低平均工程造价咨询营业收入为48.28万元（见附图3）。

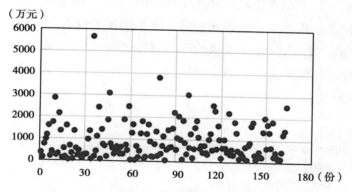

附图3　平均工程造价咨询营业收入散点图

　　将平均造价咨询营业收入划分为4个梯度区间：0~500万元、500万（含）~1000万元、1000万（含）~2000万元、2000万元（含）以上。4个梯度区间的企业分布如附图4所示。可以看出，目前我国工程造价咨询企业的工程造价咨询营业收入阶梯跨度较大，65.03%的被调研企业年均收入在1000万元以下，仅9.20%的企业年均收入在2000万元（含）以上，说明我国目前的工程造价咨询企业以中小型企业为主，龙头企业较少。但9.20%的龙头企业对整个咨询行业的平均工程造价咨询营业收入影响是很大的，在未来的工程造价咨询业务发展中，龙头企业的集成咨询能力将更加凸显，与工程总承包、全过程工程造价咨询、BIM+的行业发展趋势相匹配，企业的工程造价咨询营业收入差距将会进一步拉大。

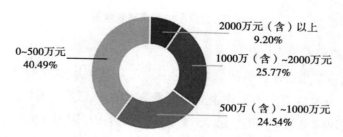

附图4　平均工程造价咨询营业收入区间分布

（2）企业平均工程造价咨询服务成本。

本书研究的是工程造价咨询服务成本及工程造价咨询服务收费，因此，问卷收集的是工程造价咨询企业的工程造价咨询服务成本（详见附录调查问卷的第二部分），其他业务收入对应的成本不在本调查问卷范围内。

问卷调查结果显示：被调研企业3年平均年工程造价咨询服务成本为2625.81万元，最高年平均工程造价咨询服务成本为5141.34万元，最低年平均工程造价咨询服务成本为43.65万元（见附图5）。平均利润率（见附图6）在8%上下波动。

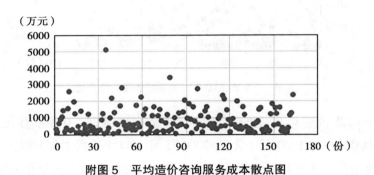

附图5　平均造价咨询服务成本散点图

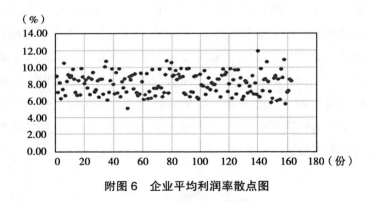

附图6　企业平均利润率散点图

（3）5项成本构成比例。

问卷调查结果显示：被调研企业的平均人力成本为1327.87万元，平均材料设备费为161.75万元，平均企业管理费为826.87万元，平均税费为262.84万元，平均风险费为46.48万元。5类成本费用占比如附图7所示。

附图7中，工程造价咨询企业平均人力成本占比50.57%，平均企业管理费占比31.49%，平均风险费、材料设备费、税费总共占比17.94%。上述

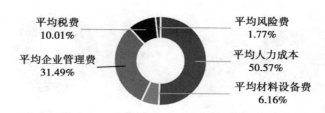

附图7 调研企业5类成本占比情况

成本占比说明：工程造价咨询行业是以人力成本占主导的智力密集型服务业，人力成本和企业管理费的管控对于企业来说至关重要。5项成本中，人力成本、税费与总成本之间的关系最为稳定，5项成本的分布图如附图8所示。

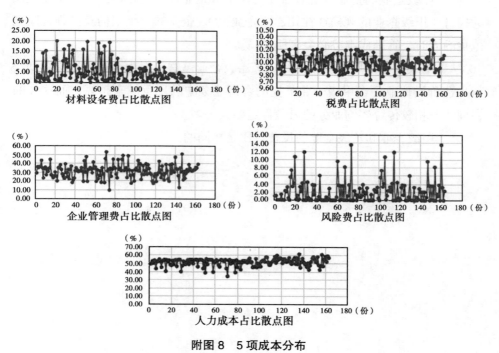

附图8 5项成本分布

（4）不同资质企业的5项成本构成。

被调研企业按工程造价咨询资质分为甲级资质和乙级资质，不同资质企业的5类成本构成情况分别如附图9、附图10所示。

从附图9、附图10可以看出：

1）甲级企业的人力成本占比高于乙级企业。甲级企业的工程造价咨询专

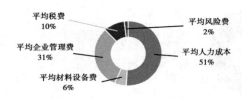

附图 9　甲级资质企业 5 项成本占比

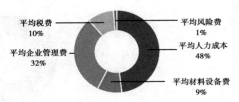

附图 10　乙级资质企业 5 项成本占比

业人员的储备要求比乙级企业要高，因此人力成本占比的数据分析结论是必然的。

2）乙级企业的材料设备费占比高于甲级企业。出现这种情况的原因是乙级企业普遍处于发展阶段，公司的固定资产等相关硬件投入自然要多一些。

3）乙级企业的企业管理费占比约比甲级企业高。这是因为随着企业规模的提升（甲级企业的规模往往比乙级企业大），企业的层级架构及流程程序规范化的同时，管理成本势必会有所提高。

4）甲级企业的风险费占比约高于乙级企业。这是因为全过程造价咨询等新兴造价增值业务在甲级企业承揽的咨询业务中的比重越来越高，而这样的咨询业务相较传统咨询业务的风险肯定要大得多。

5）甲级企业和乙级企业的税费占比是相同的。

附录 5 《江苏省工程造价咨询服务收费指导意见》

关于印发《江苏省工程造价咨询服务收费指导意见》的通知

苏建价协〔2022〕7 号

各市造价协会、各会员单位：

为促进我省工程造价咨询行业的健康发展，规范我省建设工程造价咨询服务收费行为，维护当事人的合法权益，省造价管理协会依据国家相关法规标准，在外省市造价协会有关咨询服务收费标准的基础上，并结合我省工程造价咨询市场收费的实际情况，组织制定了《江苏省工程造价咨询服务收费指导意见》。《江苏省工程造价咨询服务收费指导意见》已经江苏省工程造价管理协会六届五次理事会审议表决通过。本指导意见自 2022 年 8 月 1 日起施行。

附件：《江苏省工程造价咨询服务收费指导意见》

江苏省工程造价管理协会

2022 年 7 月 20 日

附件 1

江苏省建设工程造价咨询服务收费指导价

单位：‰

序号	造价管理阶段	咨询项目	收费基数	差额定率分档累进制收费							
				≤ 500 万元	≤ 1000 万元	≤ 5000 万元	≤ 1 亿元	≤ 5 亿元	> 5 亿元
1	投资决策阶段	投资估算编制或审核	总投资	1.2	1	0.7	0.5	0.4	0.2
2	设计阶段	设计概算编制	概算价	1.8	1.5	1.2	1	0.9	0.8
3		设计概算审核	概算价	1.5	1.2	1.1	0.9	0.7	0.6
4		单独编制工程量清单	中标价或合同价	3.2	3	2.5	2.2	2	1.8
5		单独审核工程量清单	中标价或合同价	2	1.9	1.6	1.4	1.3	1.2
6		最高投标限价、投标报价（不含编制工程量清单）编制	最高投标限价或投标报价	1.8	1.4	1.2	1	0.7	0.5
7	投标阶段	最高投标限价、投标报价（不含审核工程量清单）审核	送审最高投标限价或投标报价	1.2	1	0.7	0.6	0.5	0.4
8		施工图预算、最高投标限价（含工程量清单编制）编制	预算价或最高投标限价	4.5	4	3.5	2.8	2.4	1.9
9		施工图预算、最高投标限价（含工程量清单审核）审核	送审预算价或最高投标限价	3.2	2.8	2.5	2	1.7	1.3
10		投标报价分析	最高投标限价	1.5	1.2	1	0.8	0.7	0.5
11	施工阶段	施工阶段全过程造价咨询 基本收费	概算价或合同价	15	13	10	7	6	5

续表

序号	造价管理阶段	咨询项目		收费基数	差额定率分档累进制收费					
					≤500万元	≤1000万元	≤5000万元	≤1亿元	≤5亿元	>5亿元
11	施工阶段	施工阶段全过程造价咨询	效益收费	过程造价或核减合同价	6%					
			驻场收费	概算价或按每人/月	6	5.6	4.5	3.1	2.6	2.1
					一级注册造价师4.5万元；二级注册造价师4万元，高级职称另外增加0.5万元					
12	过程结算			结算收费	按工程结算相应费用乘1.1系数					
13	竣工阶段	工程结算编制		结算价	5	3.9	3	2.5	1.9	1.4
14		工程结算审核	基本收费	送审结算价	3	2.3	1.8	1.5	1.2	0.8
			效益收费	核增额加核减额	6%					
15		工程结算复核	基本收费	送审初审价	5	3.9	3.5	3.1	2.7	2.6
			效益收费	核增额加核减额	10%					
16		工程竣工决算编制或审核		决算额	1.8	1.5	1.3	1.1	0.9	0.7
17	工程造价鉴定			需鉴定额	12	10	8	7	6	5
18	钢筋及预埋件计算（另算）			按实际钢筋使用量	12元/吨					
19	方案优化测算	测算收费		每个方案测算额	1.8	1.4	1.2	1	0.7	0.5
		优化收费		节约投资额	20%					
20	投资后评价			决算额	2.5	2.2	1.9	1.7	1.5	1.3
21	计日收费（技术咨询）			工日	一级注册造价师3000~3500元；二级注册造价师2000~2500元，高级职称另外增加500元					

附件2

专业工程调整系数

序号	工程类别	专业调整系数
1	市政工程和公路工程（不含桥梁、隧道）	0.8
2	桥梁、隧道工程	0.9
3	水利、电力工程	1.0
4	机场场道工程	0.7
5	城市轨道工程（土建）	0.8
6	城市轨道工程（安装）	1.0
7	港口工程	0.8
8	井巷矿山工程	1.1
9	园林绿化工程	1.1
10	装饰装修工程	1.2
11	仿古建筑工程	1.3
12	安装工程（仅房屋建筑及市政工程类）	1.4
13	改扩建、修缮、加固工程	1.4
14	市政维护、爆破工程	1.2
15	其他工程	1.0

说明：

1. 房屋建筑工程、水利电力和其他未涵盖的专业工程调整系数为1.0；

2. 投资额较大，计量和计价相对简单的市政、公路、机场、港口、城市轨道等工程，降低其收费系数；

3. 投资额较小，计量和计价相对复杂的井巷矿山、园林绿化、装饰装修、仿古建筑、安装（仅房屋建筑及市政工程类）、改扩建、修缮、加固、市政维护、爆破等工程，提高其收费系数。

附件 3

工程造价咨询服务收费说明

一、本表收费实行差额定率分档累进计费，当单项咨询成果文件咨询服务收费不足 5000 元的按 5000 元计取。

二、计费基数按单项工程计算；若委托范围仅为单位或专业工程，按本次所出具成果的咨询标的额作为计费基数；工程设备、主材无论是否计入工程造价，均应计入计费基数。

工程造价鉴定业务以需鉴定额为基数。

三、投资估算（收费基数）：指建设项目可行性研究批复总投资扣除土地批租（土地价款）和动拆迁费。

四、模拟清单编制费用按工程量清单编制标准的 60% 计取。

五、概算价包含工程费用、工程建设其他费用（一般不含土地价款、动拆迁费）、预备费和专项费用。

六、清单及最高投标限价的编制与审核；投标报价的编制与审核；施工图预算的编制与审核；施工过程结算和竣工结算的编制与审核等收费指导价，凡要求钢筋及预埋件计算的按相应的收费标准另行计算。

七、施工图预算审核中对于预转固或签订总价合同的项目，应按结算审核标准收取基本费用和效益费用。

八、投标报价分析收费标准中按 3 份以内（含）投标报价分析考虑，超出 3 份按每增加 1 份增加 20% 收费。

九、施工阶段全过程造价咨询服务，服务期是指合理的施工期间内，一般是指施工合同工期内，超出者可按工时服务进行费用补偿。

十、材料、设备及服务的采购专项咨询服务，需对采购清单进行审核和策划，并按市场化方式定价的，按施工图预算（含工程量清单编制）审核收费上浮 50% 收取；若审核后签订固定总价合同的，则按本收费说明第七条执行。

十一、工程造价鉴定收费中含参加一次开庭费用；若发生二次开庭及跨市差旅费用，应另行计算；出庭质证费用参照附件 1 的计日收费（不足一日时按一日计取）。

十二、跨市差旅费按实际发生，由咨询委托方承担。

十三、工程竣工结算审核收费由基本收费和效益收费两部分组成。基本费以"送审结算价"为基数采取差额定率分档累进计算；基本收费应按规定收取，由咨询委托方承担；效益收费以"项目核减额""项目核增额"按费率分别计算，由收益方承担，审核增加造价的咨询费由咨询委托方代收益方支付。

十四、工程竣工结算复核是指接受委托人委托对已经初审但未定案的结算审核初审价进行复核，以"送审初审价"作为计费基数计算咨询费。

十五、施工阶段全过程造价咨询是指从施工阶段至竣工阶段的咨询服务，施工阶段全过程造价咨询服务费由基本收费、效益收费和驻场收费三部分组成，如不需要驻场，则不收取驻场费用（驻场是指根据咨询委托方的要求，造价咨询人员常驻项目现场，且每周不少于3天）。施工阶段全过程造价咨询服务收费标准中不包含招投标阶段及竣工结算阶段的相关收费，如咨询委托方要求从事相关工作，则按招投标阶段及竣工结算阶段的相应收费标准另行计取。

十六、咨询服务合同履行过程中，因增加工作、修改设计、延误工期等客观或咨询委托方原因，增加咨询服务工作量的，其咨询服务收费由双方协商确定。

十七、附件1中编制类咨询项目收费标准不含审核费用，若需要审核的项目，需增加20%收费。

十八、实例：某项工程竣工结算审核，送审工程造价为6500万元（其中安装工程1300万元），钢筋2000吨（需另算），核增造价20万元，核减造价230万元，合同约定效益收费按6%计算。咨询服务收费计算如下：

1. 基本收费：

500万元 × 3.0‰=1.5万元

（1000万元 –500万元）× 2.3‰=1.15万元

（5000万元 –1000万元）× 1.8‰=7.2万元

（6500万元 –5000万元）× 1.5‰=2.25万元

安装工程系数增加收费：

1300万元 /6500万元 × （1.5+1.15+7.2+2.25）× 40%=0.968万元

2. 效益收费：

核增收费：20万元 × 6%=1.2万元

核减收费：230 万元 ×6%=13.8 万元

3. 钢筋收费：

2000 吨 ×12 元 / 吨 =2.4 万元

4. 咨询服务收费合计：

1.5 万元 +1.15 万元 +7.2 万元 +2.25 万元 +0.968 万元 +1.2 万元 +13.8 万元 + 2.4 万元 =30.468 万元

十九、收费标准的服务内容

（一）投资估算编制或审核

依据建设项目可行性研究方案编制或审核项目投资估算，并按需作出相应的调整。

（二）设计概算编制或审核

1. 根据设计文件编制深度规定及初步设计图纸，完成概算文件的编制或审核，设计概算的编制或审核包括编审价格、费率、利率、汇率等确定静态投资和编制期到竣工时的动态投资两部分，为业主提供合理节省费用的建议。

2. 根据扩初审批意见，完成修正概算文件。

3. 当概算总投资超出批准总投资（或可行性研究报告估算总投资）为业主提供可能合理节省费用的建议。

4. 根据需要出席有关工程投资、设计标准、进度安排的协调会议。

5. 体现控制设计概算的方法和途径。

（三）施工图预算、工程量清单、最高投标限价、投标报价编制或审核

根据施工图纸文件、《建设工程工程量清单计价规范》或相关的消耗量定额和计价表、工程量计算规则、各种措施费、市场要素价格等编制或审核施工图预算或工程量清单、最高投标限价、投标报价。

（四）投标报价分析

指对投标文件的符合性、响应性、完整性、合理性、算术性错误和偏差等进行比较、分析、检查和整理，并对各投标人的投标报价进行详细的对比、分析和评价的工作。

（五）施工阶段全过程造价咨询

1. 制定造价控制的实施细则，确定控制目标。

2. 根据施工承包合同价、进度计划，编制承包合同的明细工程款现金流量图表，根据工程进度编制工程用款计划书。

3. 参与工程造价控制有关的工作会议。

4. 负责对施工单位上报的每月（期）完成工作量月（期）报进行审核。并提供当月（期）付款建议书，经业主认可后作为支付当月（期）进度款的依据。

5. 承发包双方提出索赔时，为咨询委托方提供咨询意见。

6. 协助业主及时审核设计变更、现场签证等发生的费用，相应调整造价控制目标，并向业主提供造价控制动态分析报告。

7. 提供涉及委托咨询工程项目的人工、材料、设备等造价信息和与造价控制相关的其他咨询服务。

（六）过程结算

工程实施过程中，按施工合同约定的时间节点或进度节点，对分阶段验收合格的已完工程计量、确认和支付工程价款（含变更、签证、调价、索赔、奖励等）的工程结算方式。施工过程结算文件经发承包双方签字并盖章认可后，作为竣工结算文件的组成部分，竣工结算时不再重新计量计价。

（七）竣工阶段工程结算编制

根据国家有关法律、法规和标准规范的规定，按照合同约定的造价确定条款，即合同价、合同价款调整内容以及索赔和现场签证等事项编制确定工程最终造价。

（八）竣工阶段工程结算审核或复核

1. 根据工程合同相应的建设工程法律、法规、标准规范、消耗量定额和计价表、招投标文件、施工图纸或竣工图纸、现场发生的各项有效证明等，审核或复核工程造价。

2. 现场踏勘、计量审核或复核。

3. 工程量、工程要素价格及各类项目费用审核或复核确定。

4. 出具工程造价审核或复核报告。

（九）工程竣工决算编制或审核

1. 收集、整理和分析原始基础资料。

2. 汇总、核实工程竣工结算审定成果文件和财务资料等。

3. 编制或审核建设资金情况、投资支出情况、尾工情况等。

4. 分析决策、实施和运行情况，提出合理化建议。

5. 根据各项投资明细编制或审核竣工财务决算说明书。

6. 编报或审核竣工决算报表。

7. 出具工程竣工决算报告或审核报告。

（十）工程造价鉴定

受人民法院或仲裁机构委托，对诉讼或仲裁案件中的工程造价争议，运用工程造价方面的专门知识进行鉴别、判断并提供鉴定意见。

（十一）钢筋及预埋件重量计算

1. 按施工图纸（或竣工图纸）、设计标准和施工操作规程计算钢筋及预埋件重量。

2. 提供完整和规范的钢筋翻样及预埋件重量计算书、汇总表。

（十二）方案优化测算按照建设工程经济效果，针对不同的方案，测算相应投资费用；同时，咨询单位可凭借自身能力提出合理化建议，通过优化方案节省投资。

（十三）投资后评价对项目立项、准备、决策、实施直到投产运营全过程的投资活动进行总结评价，对投资项目取得的经济效益、社会效益和环境效益进行综合评估，总结项目建设的经验或者教训、存在的问题和相关建议等。

二十、本收费指导价不含 BIM 费用，发生时另行计算。

附录 6 《浙江省建设工程造价咨询服务项目及收费指引》

浙江省《工程造价咨询服务项目及收费指引》

浙建价协〔2021〕13 号

各有关单位：

  根据中国建设工程造价管理协会《工程造价咨询企业服务清单》（CCEA/GC11–2019）的相关内容，为适应我省建设工程市场需求变化，维护行业公平有序的竞争环境，提高造价咨询成果质量，同时引导企业加强自律、良性竞争，促进我省诚信体系建设，我们组织制定了《浙江省建设工程造价咨询服务项目及收费指引》，经社会公开征求意见，现予以公布。本收费指引根据我省市场实际行情制定，包含了工程造价咨询服务项目工作内容及收费指导意见，作为各方主体确定建设工程造价咨询费用的参考，实际收费标准在建设工程咨询合同中约定。

  联系人：钱老师

  联系电话：0571–86651887

  附件：《浙江省建设工程造价咨询服务项目及收费指引》

浙江省建设工程造价管理协会

2021 年 5 月 18 日

附件

浙江省建设工程造价咨询服务项目及收费指引

单位：%

序号	咨询项目名称	工作内容	工程类型	收费基础	造价金额（万元）							
					100（含）以内	100~500（含）	500~1000（含）	1000~2000（含）	2000~5000（含）	5000~10000（含）	10000~50000（含）	50000以上
1	投资估算编制或审核	依据建设项目的特征、方案设计文件和相应的工程造价计价依据或类似工程指标检查资料的完整性、合规性，编制投资估算；审核投资估算编制依据的适用性，审核费用的准确性、全面性和合理性	建设工程	估算价	0.13	0.11	0.09	0.07	0.06	0.05	0.04	0.04
2	设计概算编制或审核	依据建设项目的特征、初步设计文件和相应的工程造价计价依据或资料对建设项目概算总投资及其构成进行编制；审核建筑安装工程费、工程建设其他费、预备费、建设期贷款利息等项目的准确性、全面性、建设标准、分析概算反映的建设规模、建设合理性，建设内容是否与初步设计方案及可研报告相符	建设工程	概算价	0.17	0.15	0.13	0.11	0.10	0.09	0.08	0.08

续表

序号	咨询项目名称	工作内容	工程类型	收费基础	造价金额（万元）							
					100（含）以内	100~500（含）	500~1000（含）	1000~2000（含）	2000~5000（含）	5000~10000（含）	10000~50000（含）	50000以上
3	方案优化	方案阶段对不同方案进行造价测算并提供优化建议；评估各项经济和技术，比选出投资资源最优配置的方案	建设工程	优化节约额	5.00~10.00							
4	施工图工程预算编制或审核	根据施工图计算工程量，套用预算定额，编制或审核工程预算造价	建设工程	预算价	0.33	0.28	0.25	0.23	0.21	0.19	0.17	0.16
5	工程量清单及招标控制价的编制或审核	根据工程量清单计价规范计算工程量，按工程量清单计价编制或审核编制工程量清单，包括工程量和特征描述，依据地勘资料、招标文件及补遗、招标图纸、招标价格信息、现场情况、施工方案、市场价格等，委托人自身管理水平及报价策略等，编制或审核招标控制价	建设工程	控制价	0.40	0.36	0.33	0.30	0.26	0.23	0.20	0.19
6	工程结算编制	依据发承包合同、变更文件等进行工程量价调整，编制工程结算造价	建设工程	结算价	0.33	0.29	0.25	0.21	0.21	0.17	0.09	0.09

续表

序号	咨询项目名称	工作内容	工程类型	收费基础	造价金额（万元）							
					100（含）以内	100~500（含）	500~1000（含）	1000~2000（含）	2000~5000（含）	5000~10000（含）	10000~50000（含）	50000以上
7	工程结算审核（绩效收费）	依据发承包合同及变更文件等，审核工程结算造价	基本收费	送审造价	0.34	0.30	0.26	0.23	0.21	0.18	0.15	0.12
			绩效收费	核增额及超过5%以外的核减额	5.00							
8	竣工决算编制或审核	依据工程结算成果文件和财务资料编制或审核竣工决算	建设工程	项目总投资	0.20	0.16	0.12	0.08	0.05	0.03	0.01	0.01
9	全过程造价咨询	前期咨询、投资经济分析、估算编制或审核、概算编制或审核、预算编制或审核、制定造价控制、资金使用计划的实施方案、合同价款咨询（包括合同分析、合同交底、合同变更管理工作）、施工阶段造价风险分析、审核工程预付款和期中结算及其价款支付，工程变更、签证及索赔管理，材料、设备的询价、提供核价建议，工程造价动态管理，审核及汇总过程分阶段工程结算，完成竣工结算审核，工程技术经济指标分析	建设工程	投资估算	1.50	1.38	1.25	1.13	0.88	0.75	0.63	0.55
		绩效收费	建设工程	核增额、核减额	5.00							

181

续表

序号	咨询项目名称	工作内容	工程类型	收费基础	造价金额（万元）							
					100（含）以内	100~500（含）	500~1000（含）	1000~2000（含）	2000~5000（含）	5000~10000（含）	10000~50000（含）	50000以上
10.1	造价咨询分项服务	施工阶段全过程造价咨询：制定造价控制、资金使用计划的实施方案，合同价款咨询（包括合同分析、合同交底、合同变更管理工作），施工阶段造价风险分析，审核工程预付款和期中结算及其价款支付、工程变更、签证及索赔管理、材料、设备的询价，提供核价建议，工程造价动态管理，审核及汇总过程分阶段工程结算，配合完成竣工结算，工程技术经济指标分析	建设工程	预算价	1.44	1.32	1.20	1.08	0.84	0.72	0.60	0.50
		绩效收费	建设工程	核增额、核减额	5.00							
10.2		招标文件审核、投标文件分析、施工阶段风险分析、编制资金使用计划	建设工程	概算价	0.30	0.28	0.25	0.23	0.18	0.15	0.13	0.11
10.3		合同管理（包括与造价相关内容的合同分析、合同交底）	建设工程	合同价	0.23	0.21	0.19	0.17	0.13	0.11	0.09	0.08
10.4		工程进度款审核（含预付款、安全费）	建设工程	合同价	0.38	0.34	0.31	0.28	0.22	0.19	0.16	0.14
10.5		工程变更（签证）管理（含变更预评估、工程索赔管理，动态管理等）、变更价款审核等）、变更价款管理	建设工程	送审价	0.45	0.41	0.38	0.34	0.26	0.23	0.19	0.17

续表

序号	咨询项目名称	工作内容	工程类型	收费基础	造价金额（万元）							
					100（含）以内	100~500（含）	500~1000（含）	1000~2000（含）	2000~5000（含）	5000~10000（含）	10000~50000（含）	50000以上
10.6		分段结算（基本费）	建设工程	送审价	0.36	0.33	0.29	0.25	0.24	0.20	0.15	0.15
10.7	造价咨询分项服务	分段结算（绩效收费）	建设工程	核增额及超过5%以外的核减额	5.00							
10.8		材料（设备）询价	建设工程	送审价	2.00	1.20	1.00	0.80	0.50	0.30	0.22	
10.9		配合完成竣工结算编制（或审核）、工程技术经济指标分析	建设工程	结算价	0.38	0.34	0.31	0.28	0.22	0.19	0.16	0.14
11	工程结算复审	依据发承包合同及变更文件等，复审工程结算造价	基本收费	送审价	0.42	0.38	0.33	0.29	0.24	0.20	0.15	0.15
		适用于单独委托计算钢筋及预埋件	绩效收费	核减额	10.00							
12	钢筋及预埋件计算		建设工程	确认吨数	10元/吨							
13	工程造价鉴定	司法仲裁委托的对纠纷项目的工程造价以及由此延伸而引起的经济同题进行鉴别和判断，并提供鉴定意见	建设工程	鉴定金额	司法仲裁委托的工程造价鉴定及对外委托司法鉴定部分鉴定项目协商高收费标准详见《浙江省人民法院对外委托司法鉴定部分鉴定项目协商高收费意见》浙高法鉴〔2004〕11号的要求							
14	工程造价纠纷调解（定量）	对履行建设工程及建设工程相关的合同过程中发生的涉及工程造价及财产性权益的纠纷的调解	建设工程	争议金额	参照司法仲裁鉴定收费							

续表

序号	咨询项目名称	工作内容	工程类型	收费基础	造价金额（万元）							
					100（含）以内	100~500（含）	500~1000（含）	1000~2000（含）	2000~5000（含）	5000~10000（含）	10000~50000（含）	50000以上
15	一级注册造价工程师	计时收费，适用于按人员出勤形式委托的零星造价咨询服务	建设工程	元/小时	800~1000							
	二级注册造价工程师				450~750							

说明：

1. 本收费标准实行"谁委托谁付费"原则，委托合同另有约定的按合同要求。
2. 单项造价咨询服务费用不足3000元，按3000元收取（已出具的单个报告为准）。
3. 全过程造价咨询、投资估算及设计概算的编制或审核的收费基础，不包括土地使用费。
4. 本收费标准采用余额累进费率收费，适用于房屋建筑和市政建设工程、水利工程、交通工程等可参照执行，主管部门另有规定的，从其规定。
5. 核减（增）额的定义说明如下：如清单漏项、工程量错算，小数点错误或合价计算错误，单价核实调整等计入核减（增）额。
6. 对于精装修、仿古建筑、加固工程、安装等专业工程量清单及招标控制价的编制或审核，可以按照实际工程的专业种类和难易程度，在上述标准的基础上合理上浮，原则上不超过20%。
7. 工程主材、设备无论是否计入取费基数，结算价优等，均应计入取费基数，合同包干价的签证变更项目，包干价部分应计取费基数。
8. 编制或审核工程量清单及招标控制价、施工图工程预算时，因委托人引起的设计变更或其他原因导致受托人工作量增加的，增加相应费用。
9. 编制或审核施工图工程预算时，按照编制或审核招标控制价的费用计算。
10. 全过程造价咨询，施工阶段全过程造价控制，不包合方案优化，各类招标代理，各类招标代理。
11. 施工阶段全过程造价咨询项目中，若需人员驻场工作，相应增加补贴30000~60000元/人/月（具体金额根据市场驻场人员的综合工作能力决定，包括资格证书等级、职称等级、实操水平等），异地差旅费另行约定。
12. 关于室外附属工程（如景观园林、室外给排水、室外道路等）单独安装项目等结算审核费用可根据项目的具体情况相应提高收费标准。
13. 本收费标准不含BIM建模费用，发生时另行计算。

附录 7 《深圳市建设工程造价咨询业收费市场参考价格》

关于印发《深圳市建设工程造价咨询业收费市场参考价格》的通知

深价协〔2019〕013 号

各会员单位、相关单位：

为适应深圳市建设工程造价咨询行业健康发展，促进建设工程造价咨询质量和水平的进一步提高，满足全过程造价咨询服务的需求，参照《深圳市建设工程造价管理规定》（市府令第 240 号）第三十八条之规定，经市场调查、专家论证和协会第六届第九次理事会审议表决通过，现予以印发《深圳市建设工程造价咨询业收费市场参考价格》，作为造价咨询服务项目和会员单位执业收费的参考依据，原标准同时作废。

附件：《深圳市建设工程造价咨询业收费市场参考价格》

深圳市造价工程师协会

2019 年 10 月 15 日

抄报：深圳市发展和改革委员会、深圳市住房和建设局深圳市建设工程造价管理站

附件

《深圳市建设工程造价咨询业收费市场参考价格》

序号	咨询项目名称		服务内容	计费基数	市场价标准（A）						备注
					500万元以内	501万~1000万元	1001万~5000万元	5001万~1亿元	1亿~5亿元	5亿元以上	
1	全过程造价控制	基本收费	含投资估算、工程概算、工程控制价、工程结算、竣工决算以及实施阶段造价咨询等工程内容	概算价	1.96%	1.80%	1.60%	1.40%	1.22%	1.08%	差额定率累进计费；不包括驻场人员费用
		驻场服务	注册造价工程师或高级工程师	每人/月	7万元						
			中级职称工程师	每人/月	5万元						
			一般技术人员	每人/月	4万元						
2	投资估算的编制或审核		依据建设项目可行性研究方案编制或核对项目投资估算、出具投资估算报告或审核报告	估算价	0.15%	0.12%	0.10%	0.08%	0.06%	0.05%	差额定率累进计费
3	工程概算的编制或审核		依据初步设计图纸计算或复核工程量，出具工程概算书或审核报告	概算价	0.30%	0.25%	0.22%	0.20%	0.16%	0.14%	差额定率累进计费

续表

序号	咨询项目名称		服务内容	计费基数	市场价标准（A）						备注
					500万元以内	501万~1000万元	1001万~5000万元	5001万~1亿元	1亿~5亿元	5亿元以上	
4	方案测算/比选			每个方案测算价	0.15%	0.14%	0.12%	0.10%	0.06%	0.05%	差额定率累进计费
5	工程控制价的编制或审核	清单计价法	（1）编制或审核工程量清单控制价及招标标控制价清单	依据施工图编制或核工程量清单控制价，出具工程量清单及招标控制价清单编制或审核报告	控制价	0.50%	0.46%	0.40%	0.36%	0.32%	0.28%	差额定率累进计费
			（2）单独编制或审核工程量清单	依据施工图编制或核工程量清单，出具工程量清单编制或审核报告	控制价（没有控制价按中标价×1.2）	0.32%	0.30%	0.28%	0.24%	0.22%	0.20%	差额定率累进计费
			（3）单独编制或审核控制价（不含工程量清单）	依据施工图、工程量清单编制或审核控制价，出具控制价编制或审核报告	控制价	0.19%	0.17%	0.14%	0.12%	0.10%	0.08%	差额定率累进计费
		定额计价法	编制或审核控制价	依据施工图控制价，编制或审核工程控制价文件或控制价编制或审核报告	控制价	0.45%	0.42%	0.40%	0.35%	0.29%	0.26%	差额定率累进计费
6	工程结算的编制			依据竣工资料编制工程结算，出具工程结算书	结算价	0.50%	0.45%	0.40%	0.35%	0.32%	0.28%	差额定率累进计费

续表

序号	咨询项目名称		服务内容	计费基数	市场价标准（A）						备注
					500万元以内	501万~1000万元	1001万~5000万元	5001万~1亿元	1亿~5亿元	5亿元以上	
7	工程结算审核	（1）基本收费	依据竣工资料、签证资料、工程结算书等进行审核，出具工程结算审核报告	送审结算价	0.36%	0.30%	0.25%	0.19%	0.15%	0.12%	基本收费为差额定率累进计费
		（2）效益收费		|核减额|+|核增额|	一审5.00%，二审10.00%						总收费=基本收费+效益收费
8	工程竣工决算编制或审核		依据工件工程结算定成果文件和财务资料编制竣工决算	决算额	0.19%	0.15%	0.13%	0.11%	0.09%	0.08%	差额定率累进计费
9	工程竣工决算编制专项审计		竣工决算项目中需对某项工程投资额进行专业复核的	审核额	0.50%	0.45%	0.40%	0.35%	0.32%	0.28%	差额定率累进计费
10	后评估		项目投资的后评估	决算额	0.25%	0.22%	0.19%	0.17%	0.15%	0.13%	差额定率累进计费
11	工程造价纠纷鉴证		受委托进行鉴证	鉴定后标的额	1.25%	1.10%	0.95%	0.80%	0.70%	0.60%	原被告单方有造价或双方均无造价

续表

序号	咨询项目名称	服务内容	计费基数	市场价标准（A）						备注
				500万元以内	501万~1000万元	1001万~5000万元	5001万~1亿元	1亿~5亿元	5亿元以上	
11	工程造价纠纷鉴证	受委托进行鉴证	争议差额	争议差额在1000万元以下（含1000万元）按5.50%收费　1000万元以上按6.50%收费						双方各有造价
12	钢筋及预理件计算	依据施工图纸、设计标准和施工操作规程计算或审核钢筋（或铁件）重量、提供完整的钢筋（或铁件）重量明细表、汇总表或审核报告	按实际钢筋使用量	15元/吨						

说明：
1. 造价咨询服务费收费不足5000元时，按5000元取。
2. 全过程造价控制若部分阶段的服务内容不实施，则扣减相应阶段的费率。
3. 根据项目管理、技术的复杂难度情况，可计取1.1~1.3的复杂系数/难度系数。独立的土石方、软基处理、绿化工程等简易工程可计取0.7~0.9的复杂系数/难度调整系数。
4. 工程主材、设备无论是否计入控制价、结算价等，均应计入取费基数。合同包干价部分应计入取费基数。
5. 工程控制价的审核、工程结算审核不执行效益收费，则根据实际内容和难度计取0.7~1.0系数。
6. 工程结算审核数据控制价、结算价均不含下浮。
7. 计费基数跟随全过程项目咨询、单独委托的造价咨询驻场服务，收费按照全过程造价咨询驻场收费模式。
8. 对于不跟随全过程咨询服务，单独委托全过程造价咨询驻场服务，收费参照全过程造价咨询驻场收费模式，具体另行商议。
9. 方案测算随全过程咨询服务中，单独委托全过程咨询服务，测算方案不超过2次，按上述标准计算。新增加一次测算的，按上述标准计算，新增加一次测算的，递减10%，减到50%的，不论新增多少方案，每次增加的按实际情况双方协商。
10. 单独委托材料、设备询价的可按上述情况折价计取。
11. 按建筑面积计算咨询费的可按上述价格折算计取。

189

附录 8 《江西省建设工程造价咨询业行业自律成本参考价》（试行）

关于发布《江西省建设工程造价咨询业行业自律成本参考价》（试行）的通知

赣价协〔2021〕23 号

各设区市联络处（协会）、各有关单位：

为进一步依法规范我省建设工程造价咨询行业市场秩序，维护当事人各方合法权益，促进行业健康可持续发展，我会依据行业规章赋予的行业自律工作职责，按照中国建设工程造价管理协会《工程造价咨询企业服务清单》（CCEA/GC11-2019）和《关于规范我省工程造价咨询服务收费的通知》（赣价协〔2015〕9 号）等相关文件精神，并结合全省建设工程造价咨询行业实际情况和发展需要，在行业行政主管部门的指导下，组织制定了《江西省建设工程造价咨询业行业自律成本参考价》（试行）（以下简称《成本参考价》），现予以发布，请遵照执行。现将施行过程中应注意的有关事宜说明如下：

一、本《成本参考价》是在国务院发布《关于深化"证照分离"改革进一步激发市场主体发展活力的通知》（国发〔2021〕7 号）、住房和城乡建设部办公厅发布《关于取消工程造价咨询企业资质审批加强事中事后监管的通知》（建办标〔2021〕26 号）的背景和新形势下，应全省行业的共同呼声和要求、相关部门的高度关注和重视、依法规范行业市场秩序和竞价行为的需求而制定的。

二、本《成本参考价》的形成是在我会开展广泛行业调研的基础上，组织全省广大工程造价咨询企业和相关单位对近年来全省范围内已完成的大量工程造价咨询项目取费成本价数据进行采集、分析、测算而形成的平均价格，其结果经多次公开广泛征求社会和行业修改意见并经我会组织相关行业专家科学认证而审定的。其施行必将对我省工程造价咨询行业相关各方正确、科学确定各类咨询项目的取费成本价格发挥积极的指导作用，同时也为抑制行业违法低于成本价恶性竞争和遏制腐败现象的滋生蔓延产生积极的作用。

三、进入全省工程造价咨询市场开展服务活动的各执业相关单位和个人要认真执行本《成本参考价》的有关规定，自觉规范自身的行为和遵守行业自律相关规定，在执行本成本价规定的内容和标准时，不得无故下浮打折，否则将按《江西省工程造价咨询行业自律公约》进行惩戒；有违法行为的，将报行业行政主管部门依法进行查处并记入当事人信用档案。

四、本《成本参考价》自发布之日起在全省行业中试行，其解释权归属江西省工程造价协会。各地在执行过程中所遇到的问题请及时向本协会秘书处反映。

五、联系人：花凤萍

联系电话：0791–88311365

下载附件：《江西省建设工程造价咨询业行业自律成本参考价》（试行）

江西省工程造价协会

2021 年 9 月 7 日

附件

《江西省建设工程造价咨询业咨询行业自律成本参考价》（试行）

单位：‰

序号	咨询项目名称		工作内容	工程类型	计费基础	造价金额（万元）						
						200（含）以内	200~500（含）	500~1000（含）	1000~3000（含）	3000~6000（含）	6000~10000（含）	10000以上
1	投资估算制或审核	基本工作	依据建设项目的特征、方案设计文件和相应的工程造价计价依据或类似工程指标检查资料的完整、合规性，编制投资估算；审核估算编制依据的适用性，审核费用的准确性、全面性和合理性	建设工程	估算价	1.0	0.9	0.8	0.7	0.5	0.4	0.3
		增选工作	计算或审核并分析主要技术经济指标；分析设计方案的优缺点，提出合理化建议	建设工程	估算价	基本工作收费的10%~30%						
2	设计概算编制或审核	基本工作	依据建设项目的特征、初步设计文件和相应的工程造价计价依据或其他资料对建设项目概算及其构成进行编制；审核概算编制依据的适用性，审核建筑安装工程费、工程建设其他费、预备费、建设期贷款利息等项目的准确性和合理性，分析概算反映的建设规模、建设标准、建设内容是否与初步设计方案及可研报告相符；不含工程量计算	建设工程	概算价	1.5	1.4	1.3	1.2	1.0	0.9	0.8

192

续表

序号	咨询项目名称		工作内容	工程类型	计费基础	造价金额（万元）						
						200（含）以内	200~500（含）	500~1000（含）	1000~3000（含）	3000~6000（含）	6000~10000（含）	10000以上
2	设计概算编制或审核	增选工作	计算工程量，计算或审核分析主要技术经济指标；分析设计方案的优缺点，提出合理化建议	建设工程	概算价	基本工作收费的10%~30%						
3	设计方案优化	基本工作	方案设计阶段对不同方案进行造价测算并提供优化建议评估各专项经济和技术比选出投资额最优配置的方案	建设工程	优化节约额	10%						
4	施工图预算编制或审核	基本工作	根据施工图计算工程量，套用预算定额编制或审核工程预算造价	建设工程	预算价	2.7	2.4	2.3	2.1	1.9	1.8	1.6
		增选工作	计算或审核分析主要技术经济指标；分析工程量、工程设计等变化风险，提出有效控制工程造价的建议；与编制单位核对数量；调整或重新编制施工图预算	建设工程	预算价	基本工作收费的20%~30%						
5	工程量清单及招标控制价的编制	基本工作	根据工程量清单计价规范编制或审核工程量清单，按工程量计算规范编制工程量清单，包括工程量和特征描述，依据图纸、招标文件及补遗、招标图纸、现场情况、施工方案、市场价格信息，委托人自身管理水平及报价策略等，编制招标控制价	建设工程	招标控制价	3.0	2.8	2.6	2.4	2.2	1.9	1.8

续表

序号	咨询项目名称	工作类型	工作内容	工程类型	计费基础	造价金额（万元）						
						200（含）以内	200~500（含）	500~1000（含）	1000~3000（含）	3000~6000（含）	6000~10000（含）	10000以上
5	工程量清单及招标控制价制的编制	增选工作	计算并分析主要工程量指标；分析工程量、工程设计等变化风险；提出有效控制工程造价的建议；调整或重新编制工程量清单	建设工程	招标控制价	基本工作收费的20%~30%						
						2.5	2.3	2.0	1.7	1.5	1.4	1.3
6	工程量清单及招标控制价的审核（核减另收费）	基本工作	根据工程量清单计量计价规范计算工程量，按工程量清单计价规范编制或审核工程量清单，包括工程量清单、依据地勘资料、招标文件及补遗、招标图纸、现场情况、施工方案、市场价格信息、委托人自身管理水平及报价策略等，审核招标控制价	基本收费	送审造价	2.5	2.3	2.0	1.7	1.5	1.4	1.3
		核减（增）另收费		核减（增）	核减（增）额总额	3.5%						
		增选工作	审核或计算分析主要技术经济指标；分析工程量、工程设计等变化风险；提出有效控制工程造价的建议；与编制单位核对数量；调整或重新编制工程量清单	基本收费与核减另收费之和		基本工作收费的20%~30%						
7	工程结算编制	基本工作	依据发承包合同、变更文件等进行工程量价调整，编制工程结算造价	建设工程	最终结算价	3.2	3.0	2.8	2.5	2.2	2.1	2.0

续表

序号	咨询项目名称	工作内容	工程类型	计费基础	造价金额（万元）						
					200（含）以内	200~500（含）	500~1000（含）	1000~3000（含）	3000~6000（含）	6000~10000（含）	10000以上
7	工程结算编制	收集、整理工程结算基础资料、文件（如竣工图纸、施工记录、施工签证、索赔单、设计变更、现场环境、地质资料等）；计算并分析主要工程经济指标；提出对工程成本管理的建议 增选工作	建设工程	最终结算价	基本工作收费的 20%~30%						
8	工程结算核（核减另收费）	依据发承包合同及变更文件等，审核工程结算造价 基本工作	基本收费	送审造价	2.6	2.4	2.1	2.0	1.9	1.7	1.5
			核减（增）另收费	核减（增）额总额	3.5%						
		审查及分析主要工程经济指标；对工程造价管理提出建议 增选工作	基本收费与核减另收费之和		基本工作收费的 20%~30%						
9	竣工决算编制或审核	依据工程结算成果文件和财务资料编制或审核竣工决算 基本工作	基本收费	项目总投资	3.5	3.2	2.7	2.5	2.2	2.0	1.8
			核减另收费	节约金额	5%						

195

续表

序号	咨询项目名称	工作内容	工程类型	计费基础	造价金额（万元）						
					200（含）以内	200~500（含）	500~1000（含）	1000~3000（含）	3000~6000（含）	6000~10000（含）	10000以上
10	全过程造价咨询（不含人员驻场费用）	基本工作内容	建设工程（A型）	项目投资概算额	10.2	9.6	9.0	8.4	7.8	7.2	6.6
		前期咨询、投资经济分析、估算编制、概算编制、预算编制、制定造价控制、资金使用计划的实施方案咨询（包括合同分析、合同交底、合同价更管理工作），施工阶段造价风险分析、审核工程预付款和期中结算及其他价款支付，工程变更、签证及素赔管理、工程造价动态管理、审核及汇总过程分段工程结算、完成竣工结算审核、工程技术经济指标分析		建设工程（B型）		9.6	9.0	8.4	7.8	7.2	6.6	6.0
			建设工程（C型）		9.0	8.4	7.8	7.2	6.6	6.0	5.4
			建设工程（D型）		8.4	7.8	7.2	6.6	6.0	5.4	4.8
		核减（增）另收费	建设工程	核减（增）额总额	4%						
11.1	造价咨询分项服务	基本工作内容 招标文件审核、投标文件分析、施工阶段风险分析、编制资金使用计划	建设工程	概算价	1.6	1.4	1.3	1.0	0.9	0.8	0.7
11.2		合同管理（包括与造价相关的合同分析、合同交底）	建设工程	合同价	1.4	1.2	1.0	0.8	0.7	0.6	0.5
11.3		工程进度款审核（含预付款、安全费）	建设工程	合同价	1.5	1.3	1.1	0.9	0.8	0.7	0.6

续表

序号	咨询项目名称	工作内容		工程类型	计费基础	造价金额（万元）						
						200（含）以内	200~500（含）	500~1000（含）	1000~3000（含）	3000~6000（含）	6000~10000（含）	10000以上
11.4		工程变更（签证）管理（含变更、工程价款审核等）、动态管理、工程索赔管理		建设工程		3.0	1.7	1.5	1.4	1.2	1.1	1.0
11.5	造价咨询分项服务	基本工作	分段结算（基本费）	建设工程	送审价		2.8	2.5	2.4	2.3	2.2	1.9
11.6			分段结算（核减与核增另收费）	建设工程	核减（增）额总额	3.5%						
11.7			材料（设备）询价	建设工程	材料价	1.4	1.3	1.2	1.1	1.0	0.9	0.8
11.8			配合完成竣工结算编制（或审核）、工程技术经济指标分析	建设工程	结算价	1.6	1.5	1.4	1.2	1.1	1.0	0.9
12	工程结算复审	基本收费	依据发承包招投标文件、合同、签证、设计变更等文件资料，复审工程结算造价	建设工程	送审价	2.9	2.7	2.4	2.3	2.2	2.0	1.8
		核减另收费			核减（增）额总额	6%						
13	钢筋及预埋件计算	基本工作	适用于单独委托计算钢筋及预埋件	建设工程	实际吨数	6元/吨						

续表

序号	咨询项目名称		工作内容	工程类型	计费基础	造价金额（万元）							
						200（含）以内	200~500（含）	500~1000（含）	1000~3000（含）	3000~6000（含）	6000~10000（含）	10000以上	
14	工程造价鉴定	基本工作	司法仲裁委托的对纠纷项目的工程造价以及由此延伸而引起的经济问题进行鉴别和判断，并提供鉴定意见	建设工程	鉴定金额			0.8%					
15	高级工程师、一级注册造价工程师		计日收费，适用于按人员出勤形式委托的零星造价咨询服务	建设工程	元/工日			2000					
	工程师、二级注册造价工程师							1500					
	其他专业价人员							800					

198

说明：

1. 本《成本参考价》实行"谁委托谁付费"原则，委托合同另有约定的按合同要求。

2. 单项造价咨询服务费用不足 3000 元，按 3000 元收取（以出具的单个报告为准）；工程造价鉴定服务费用不足 5000 元，按 5000 元收取（以出具的单个报告为准）；增选工作在基本工作收费的基础上结合实际情况可增加适当比例。

3. 本《成本参考价》采用差额累进递减收费，适用于房屋建筑和市政建设工程；精装修、仿古建筑、水利工程、交通工程等结合附表 1 可参照执行，主管部门另有规定的，从其规定。核减额与核增额不冲抵消，核减收费与核增收费以核减额或核增额绝对值相加进行计费。

4. 清单漏项、工程量计算错误，小数点错误或合价计算错误等可计入核减（增）额。

5. EPC、PPP 项目分项咨询服务收费可参照建设工程各阶段对应服务内容收费标准累加执行，项目若为全过程咨询服务，收费应结合项目实际情况，参照全过程造价咨询执行。

6. 工程主材、设备无论是否计入控制价、结算价等，均应计入收费基数。合同包干价的签证变更项目，包干价部分应计入取费基数。

7. 编制或审核工程量清单及招标控制价、施工图工程预算时，因委托人引起的设计变更或其他原因导致受托人工作量增加的（包括多次补充送审、重新送审），根据实际情况可多次增加相应费用或者按照标准重复计取费用。编制或审核招标控制价时，仅编制或审核工程量清单的，按收费标准的 60% 计算；仅编制或审核单价（造价）的，按收费标准的 50% 计算。

8. 编制或审核施工图工程预算时，发生复核情形的，按照编制或审核招标控制价的费用计算。

9. 工程结算编制或审核时，因施工单位或委托人引起的设计变更或其他原因导致受托人工作量增加的（包括多次补充送审、重新送审、多次复审核对），根据实际情况可多次增加相应费用或者按照标准重复计取费用。

10. 全过程造价咨询、施工阶段全过程造价控制，不包含方案优化、各类招标代理、驻场人员费用，发生时另行计算。

11. 全过程造价咨询服务驻场人员根据工程项目情况及委托人要求确定，若需人员驻场工作，相应增加补贴 10000~30000 元 / 人 / 月（具体金额根据驻场人员的综合工作能力决定，包括资格证书等级、职称等级、实操水平等，其中高级工程师、一级注册造价工程师补贴 20000~30000 元 / 人 / 月，工程师、二级注册造价工程师补贴 10000~20000 元 / 人 / 月，其他造价专业人员补贴 6000~10000 元 / 人 / 月），异地差旅费另行约定。

12. 材料（设备）询价赴异地实地询价，其发生的差旅费由委托单位承担。

13. 关于室外附属工程（如景观园林、室外给排水、室外道路等）单独安装项目等结算审核费用可根据项目的具体情况相应提高收费标准，参照附表 1 执行。

14. 建设项目全过程造价咨询服务范围和内容划分参照附表 2 执行。全过程咨询项目因非受托人原因导致服务时间延长，结合咨询合同收费标准，按项目施工合同约定工期以延长时间折算延长咨询费用，驻场人员费用按月标准增加。

15. 零星造价咨询服务计日收费，特殊专业技术人员咨询服务收费可由双方协议商定。

16. EPC 项目施工方案优化，可参照设计方案优化收费计取费用。

17. 本《成本参考价》不含 BIM 建模费用，发生时另行计算。

18. 建设工程造价咨询服务收费标准实行分档累进计费方式，如某单独发包装饰装修工程总投资 5000 万元的工程量清单及招标控制价的编制，计算收费额如下：

200 万元 × 3.0‰=0.60 万元

（500 万元 −200 万元）× 2.8‰=0.84 万元

（1000 万元 −500 万元）× 2.6‰=1.30 万元

（3000 万元 −1000 万元）× 2.4‰=4.80 万元

（5000 万元 −3000 万元）× 2.2‰=4.40 万元

应收咨询费合计 =（0.60 万元 +0.84 万元 +1.30 万元 +4.80 万元 +4.40 万元）× 1.3（专业调整系数）=15.522 万元

附表 1

建设工程造价咨询服务收费专业工程调整系数

序号	工程类型	专业调整系数
1	矿山采选工程	
1.1	黑色、黄金、化学、非金属及其他矿采选工程	1.1
1.2	采煤工程，有色、铀矿采选工程	1.2
1.3	选煤及其他煤炭工程	1.3
2	加工冶炼工程	
2.1	各类冷加工工程	1.0
2.2	船舶水工工程	1.1
2.3	各类冶炼、热加工、压力加工工程	1.2
2.4	核加工工程	1.3
3	石油化工工程	
3.1	石油、化工、石化、化纤、医药工程	1.2
3.2	核化工工程	1.6
4	水利电力工程	
4.1	风力发电、其他水利工程	0.8
4.2	火电工程	1.0
4.3	核电常规岛、水电、水库、送变电工程	1.2
4.4	核能工程	1.6
5	交通运输工程	
5.1	机场场道工程	0.8
5.2	公路、城市道路工程	0.9
5.3	机场空管和助航灯光、轻轨工程	1.0
5.4	水运、地铁、桥梁、隧道工程	1.1
5.5	索道工程	1.3
6	建筑市政工程	
6.1	邮政工艺工程	0.8
6.2	建筑、市政、电信工程	1.0
6.3	人防、园林绿化、广电工艺工程	1.1
6.4	单独出具成果文件的装饰装修工程	1.3
6.5	单独发包仿古建筑、抗震加固工程	2.0
6.6	单独出具成果文件的安装工程	2.0
7	农业林业工程	
7.1	农业工程	0.9
7.2	林业工程	0.8

附表2

建设项目全过程造价咨询委托服务范围划分

类型	主要工作内容
A型（从决策阶段开始）	全过程造价咨询依据建设项目的建设程序可划分为决策阶段、设计阶段、交易阶段、施工阶段。 （1）决策阶段：①建设项目投资估算的编制或审核、调整；②建设项目经济评价。
B型（从勘察设计阶段开始）	（2）勘察设计阶段：①设计概算的编制或审核、调整；②施工图预算的编制或审核；③提出工程设计方案的优化建议，各方案工程造价的编制与比选。
C型（从交易阶段开始）	（3）交易阶段：①参与工程招标文件的编制；②施工合同的相关造价条款的拟定；③招标工程工程量清单的编制；④招标工程招标控制价的编制或审核；⑤各类招标项目投标价合理性的分析。
D型（从施工阶段开始）	（4）施工阶段：①建设项目工程造价相关合同履行过程的管理；②提出工程施工方案的优化建议，各方案工程造价的编制与比选；③工程计量支付的确定，审核工程款支付申请，提出资金使用计划建议；④施工过程的设计变更、工程签证和工程索赔的处理；⑤协助建设单位进行投资分析、风险控制，提出融资方案的建议

附录 9 《吉林省建设工程造价咨询服务收费标准》
（试行）

关于印发《吉林省建设工程造价咨询服务收费标准》（试行）的通知

各相关单位、会员单位：

为了促进建设工程造价咨询行业健康、有序发展，满足工程总承包、全过程造价咨询、BIM 咨询等新业态的需求，保证建设工程造价咨询成果的质量，依据国家和吉林省建设工程造价管理相关规定，经过反复市场调研、成本分析、征求意见和专家论证，制定了《吉林省建设工程造价咨询服务收费标准》（试行）（以下简称"本标准"）。现决定将"本标准"作为吉林省造价咨询服务项目收费的参考依据印发执行。执行过程中遇到问题请及时反馈给吉林省建筑业协会工程造价专业委员会。

省建协工程造价专委会联系方式：0431–89534418

附件：《吉林省建设工程造价咨询服务收费标准》（试行）

吉林省建筑业协会工程造价专业委员会
2020 年 5 月 13 日

附件

《吉林省建设工程造价咨询服务收费标准》（试行）

序号	咨询项目名称	服务内容	计费基数	市场参考价格标准								备注
				100万元以内	100万~500万元	500万~1000万元	1000万~5000万元	5000万~1亿元	1亿~5亿元	5亿元以上	
1	全过程工程造价咨询	含投资估算、工程概算、工程量清单、工程招标控制价、实施阶段造价咨询、工程结算、竣工决算等内容	概算价（%）	2.00	1.90	1.80	1.60	1.40	1.20	1.05	差额定率累进计费不包括驻场服务费用
2	投资估算的编制或审核	依据建设项目可行性研究方案编制或审核对项目投资估算，出具投资估算报告或审核报告	估算价（%）	0.15	0.13	0.12	0.10	0.08	0.06	0.05	差额定率累进计费
3	工程概算的编制或审核	依据初步设计图纸，出具工程概算书或审核报告	概算价（%）	0.28	0.26	0.25	0.22	0.20	0.16	0.14	差额定率累进计费
4	方案测算/比选	对设计方案进行技术经济分析、对造价测算对比分析	每个方案测算价（%）	0.15	0.14	0.13	0.12	0.10	0.06	0.05	差额定率累进计费

续表

序号	咨询项目名称		服务内容	计费基数	市场参考价格标准							备注
					100万元以内	100万~500万元	500万~1000万元	1000万~5000万元	5000万~1亿元	1亿~5亿元	5亿元以上	
5	工程控制价的编制或审核	清单计价法	(1) 编制或审核工程量清单及招标控制价	依据施工图编制或审标工程量清单及招标控制价，出具工程量清单书及招标控制价或审核核审报告	控制价（%）	0.60	0.55	0.50	0.40	0.35	0.30	0.28	差额定率累进计费
			(2) 单独编制或审核工程量清单	依据施工图编制或审核工程量清单，出具工程量清单书或审核报告	控制价（设有控制价的按中标价×1.2）（%）	0.45	0.43	0.40	0.30	0.25	0.22	0.20	差额定率累进计费
			(3) 单独编制或审核控制价（不含工程量清单）	依据施工图、工程量清单编制或审核工程控制价，出具工程控制价文件或审核制价文件或审核报告	控制价（%）	0.25	0.20	0.18	0.15	0.12	0.10	0.08	差额定率累进计费
		定额计价法	编制或审核控制价	依据施工图编制或审核工程控制价，出具或审工程控制价文件或审核报告	控制价（%）	0.45	0.43	0.42	0.40	0.35	0.30	0.26	差额定率累进计费

序号	咨询项目名称	服务内容	计费基数	市场参考价格标准							备注
				100万元以内	100万~500万元	500万~1000万元	1000万~5000万元	5000万~1亿元	1亿~5亿元	5亿元以上	
6	清标	分部分项工程量清单项目综合单价的合理性分析，错漏项分析，措施项目清单的完整性和合理性分析，其他项目清单完整性和合理性分析，不平衡报价分析，暂列金、暂估价、总价合价合理性复核，总价与合价的算数性复核及修正建议等	控制价（%）	0.12	0.10	0.09	0.07	0.05	0.04	0.03	差额定率累进计费
7	施工阶段造价咨询	从工程施工开始至工程竣工验收止的造价咨询服务，包括制定造价控制实施方案，制定制造价咨询咨询，审核工程预付款，合同价款支付，期中结算及其价款支付，工程变更、签证及索赔管理，材料、设备的询价并提供核价建议，工程造价动态管理	承包合同价（%）	1.10	1.00	0.90	0.65	0.50	0.35	0.30	差额定率累进计费不包括驻场服务费用

序号	咨询项目名称	服务内容	计费基数	市场参考价格标准							备注
				100万元以内	100万~500万元	500万~1000万元	1000万~5000万元	5000万~1亿元	1亿~5亿元	5亿元以上	
8	工程结算的编制	依据竣工资料编制工程结算，出具工程结算书	结算价（%）	0.55	0.50	0.45	0.40	0.35	0.30	0.28	差额定率累进计费
9	工程结算审核（1）基本收费	依据竣工资料、签证资料、工程结算书等进行审核，出具工程结算审核报告	送审结算价（%）	0.36	0.35	0.30	0.25	0.19	0.15	0.12	基本收费为差额定率累进计费
	（2）效益收费		核增减+核增额	7%							总收费＝基本收费＋效益收费
10	BIM咨询	工业与民用建筑工程	建筑面积	25元/平方米							全专业是指包括建筑、结构、给排水、电气、消防、空调、通风、弱电等

206

续表

序号	咨询项目名称	服务内容	计费基数	市场参考价格标准							备注
				100万元以内	100万~500万元	500万~1000万元	1000万~5000万元	5000万~1亿元	1亿~5亿元	5亿元以上	
10	BIM咨询	市政道路工程	工程造价（%）				0.25				全专业是指包括路基、路面、桥涵、隧道、机电安装、给排水以及交通安全设施等
		轨道交通工程	工程造价（%）				0.30				全专业是指包括土建、轨道、电气、给排水、消防、通风、空调、通信、信号以及弱电等
		综合管廊工程	工程造价（%）				0.30				全专业是指包括的土建、电气、给排水、通风、消防、弱电以及管廊设施等

续表

序号	咨询项目名称	服务内容	计费基数	市场参考价格标准								备注
				100万元以内	100万元~500万元	500万元~1000万元	1000万元~5000万元	5000万~1亿元	1亿~5亿元	5亿元以上	
10	BIM咨询	园林景观工程	工程造价（%）	0.65							全专业是指包括景观、绿化、景观照明、景观给排水、景观智能化等
11	工程竣工决算编制或审核	依据工程结算审定成果文件和财务资料编制或审核竣工决算	决算额（%）	0.19	0.16	0.15	0.13	0.11	0.09	0.08	差额定率累进计费
12	工程竣工决算编制专项审核	竣工决算项目中需对某项工程投资额进行专业复核的	审核额（%）	0.50	0.45	0.42	0.40	0.35	0.30	0.28	差额定率累进计费
13	项目后评估或项目绩效评价	项目投资的后评估，或者项目绩效评价	决算额（%）	0.25	0.23	0.22	0.19	0.17	0.15	0.13	差额定率累进计费
14	工程造价鉴定	受委托进行鉴定	鉴定标的所涉及工程造价（%）	1.00	0.80	0.60	0.50	0.40	0.30	0.20	差额定率累进计费

续表

序号	咨询项目名称	服务内容	计费基数	市场参考价格标准							备注
				100万元以内	100万~500万元	500万~1000万元	1000万~5000万元	5000万~1亿元	1亿~5亿元	5亿元以上	
15	钢筋及铁件计算	依据施工图纸、设计标准和施工操作规程计算或审核钢筋（或铁件）数量，提供完整的钢筋（或铁件）数量明细表，汇总表或审核报告	控制价或结算价（%）	0.15							
16	计日咨询	一级注册造价工程师或高级工程师	元/人/日				2400				不局限于零星用工咨询服务，每工日按8小时计算
		二级注册造价工程师或中级职称工程师	元/人/日				1800				
		一般技术人员	元/人/日				1000				
17	驻场服务	一级注册造价工程师或高级工程师	元/人/日				40000				驻场服务人员数量按照双方合同约定或商定执行
		二级注册造价工程师或中级职称工程师	元/人/日				30000				
		一般技术人员	元/人/日				20000				

说明：

1. 造价咨询服务费收费不足 2000 元时，按 2000 元收取。其中，工程造价鉴定收费不足 5000 元时，按 5000 元收取。

2. 全过程工程造价咨询若部分阶段的服务内容不实施，则扣减相应阶段的费率 ×（0.6~0.7）。

3. 在满足咨询条件的前提下参考执行以上收费标准。根据项目管理、技术的复杂难度、设计深度不够或设计变更导致咨询重复工作等情况，可计取 1.3~1.5 的复杂系数 / 难度调整系数。

4. 工程结算审核不执行效益收费的，在基本收费基础上增加 0.2% 作为结算审核收费。

5. 单独委托材料、设备询价的参照以上相应收费标准双方协商确定咨询费。

6. 计日咨询包括并不局限于清标、询价、踏勘现场、市场调查等工作。

7. BIM 咨询费用基价是基于全阶段、全专业应用的标准。

（1）建筑面积小于 2 万平方米的按照 2 万平方米计算，建筑面积在 2 万 ~20 万平方米的按照实际计算，建筑面积大于 20 万平方米的按照 20 万平方米计算。

（2）部分专业采用 BIM 技术应用时，基价以所应用专业的造价作为计费基数。

（3）应用阶段调整系数 A

序号	应用阶段	服务内容	单阶段应用调整系数
1	设计阶段	建模、性能分析、面积统计、冲突检测、辅助施工图设计、仿真漫游、工程量统计	0.5
2	施工阶段	施工图深化、冲突检测、施工模拟、仿真漫游、施工工程量统计	0.4
3	运营阶段	运维仿真漫游、3D 数据采集和集成、设备设施管理	0.5

A. 全阶段应用时，调整系数 A 取值为 1。

B. 非全阶段整体运用，仅为单阶段应用时，按上表系数进行调整。

C. 当连续的两阶段应用时，按两个阶段的独立应用调整系数之和的 90% 计算。

（4）工程复杂调整系数 B

可参照设计收费标准约定的工程复杂程度进行调整，调整系数为 0.8~1.5，具体由双方协商。

（5）造价咨询调整系数 C

开展造价咨询时，调整系数取 1.1。

（6）各阶段的 BIM 技术应用，须在前一阶段 BIM 实施成果上开展。

8. 委托项目评审和项目审计的参照以上相应收费标准双方协商确定咨询费

附录 10 《四川省工程造价咨询服务收费参考标准（试行）》

四川省工程造价咨询服务收费参考标准

（试行）

四川省造价工程师协会

2022 年 12 月

目　录

1 总说明

1.1 根据《四川省发展和改革委员会关于进一步放开住建部门专业服务收费有关事项的通知》（川发改价格〔2015〕769号）精神，为全面放开政府指导价管理的建设项目专业服务价格，维护有序公平的竞争环境，保障工程造价咨询服务项目、服务内容、服务质量及服务价格的有机融合和统一，四川省造价工程师协会开展了工程造价咨询服务成本和收费调研工作。通过调研、统计、分析和测算，形成了《四川省工程造价咨询服务收费参考标准（试行）》（以下简称"本标准"）。

1.2 本标准是基于中国建设工程造价管理协会标准《工程造价咨询企业服务清单》（CCEA/ GC 11–2019）（以下简称《服务清单》）编制的，工程造价咨询企业提供的造价咨询服务项目、服务内容和服务质量应按照《服务清单》标准执行。

1.3 工程造价咨询服务收费是指工程造价咨询人接受委托人委托，为委托人提供《服务清单》中某项服务的咨询成果而获得的收入。

1.4 本标准适用于工程造价咨询人与委托人计算工程造价咨询服务收费时参考。具体收费标准以双方咨询合同约定为准。

1.5 本标准对工程造价咨询服务收费提供了差额定率累进法和人工工日法两种方法。差额定率累进法见本标准"2 差额定率累进法收费费率参考标准"；人工工日法见本标准"3 人工工日法人工消耗量和人工工日单价参考标准"。具体采用何种收费方法由工程造价咨询人与委托人根据工程实际情况自主选用。

1.6 采用差额定率累进法或人工工日法计算工程造价咨询服务收费，应考虑实际项目的专业特点和复杂程度，通过本标准4.1"专业调整系数"和4.2"工程复杂程度调整系数"对服务收费进行调整。

1.7 本标准适用于工程建设所在地点海拔高度 ≤ 2 千米地区，若海拔高度＞2 千米时，可根据实际情况由咨询人与委托人双方协商乘以 1.1~1.5 的系数进行调整。

1.8 "计费基数"按立项段或合同段的工程造价计算。工程主材、设备包括甲供材料，无论是否计入工程造价，均应计入计费基数。

1.9 本标准中 B101~B106、B220 咨询服务项目收费已包括了驻场服务费用。

1.10　编制工程量清单（项目清单编制）含编制招标控制价（最高投标限价、标底编制）时，收费费率乘以 1.5。

1.11　工程竣工结算审核（或审计）时，除计算基本服务收费外，可按核减加核增额度之和的 3%~5% 增收效益服务费，具体以咨询合同约定为准。

1.12　工程造价咨询人提供的设计优化或合理化建议带来投资节约时，可按节约投资金额的 20% 左右增收效益服务费，具体以咨询合同约定为准。

1.13　非工程造价咨询企业原因造成同一项目重复或增加咨询工作量 20% 以上的，超过部分应按本标准另行计算增加工作量的收费。

1.14　涉外工程类服务项目的服务收费，根据工程实际按有关规定或遵循国际惯例双方协商确定。

1.15　凡单项造价咨询服务收费低于 5000 元的，可按 5000 元计算。

1.16　提供全过程工程造价咨询服务时，按照工程合同工期加 2 个月为正常服务周期。非造价咨询企业原因造成超期服务，按以正常服务期限和服务合同约定的服务收费计算的月均服务费乘以超期服务时间计算超期服务费。

1.17　本标准为合理工期和正常工作日条件下的服务收费标准，若委托人要求赶工或占用国家法定休息时间，应增加 20%~30% 的咨询服务收费。

1.18　本标准未界定的工程造价咨询服务项目，可自行约定咨询服务收费。

2　差额定率累进法收费费率参考标准

2.1　说明

（1）差额定率累进法适用于采用收费费率计算工程造价咨询服务收费。

（2）差额定率累进法按项目金额大小划分为若干档次并确定各档收费费率，按照各档对应费率分别计算各档服务收费，各档服务收费累进之和再考虑工程实际情况乘以专业调整系数和工程复杂程度调整系数即为咨询服务收费。具体计算公式为：

造价咨询服务收费 = ∑各档服务收费 × 专业调整系数 × 工程复杂程度调整系数

（3）差额定率累进法应用示例：

1）某房屋建筑工程的咨询服务项目为编制工程量清单（项目清单编制），

招标控制价（最高投标限价）为 8000 万元，不属于复杂工程。咨询服务收费计算如下：

咨询服务收费 = ∑各档服务收费 × 专业调整系数 × 工程复杂程度调整系数 = ［500×3.95‰+（3000–500）×3.56‰+（8000–3000）×3.17‰］× 1×1=26.73（万元）

式中：①分档情况及对应费率见本标准"2.3 技术经济类服务项目收费费率"B215 项数据。

②专业调整系数和工程复杂程度调整系数见本标准"4 工程造价咨询服务收费调整系数参考标准"。

2）某房屋建筑工程的咨询服务项目为编制工程量清单（项目清单编制）含编制招标控制价（最高投标限价），招标控制价（最高投标限价）为 8000 万元，不属于复杂工程。咨询服务收费计算如下：

咨询服务收费 = ∑各档服务收费 ×1.5× 专业调整系数 × 工程复杂程度调整系数 = ［500×3.95‰+（3000–500）×3.56‰+（8000–3000）×3.17‰］× 1.5×1×1=40.09（万元）

式中：①分档费率及专业调整系数和工程复杂程度调整系数同本示例 1。

②系数 1.5 按本标准总说明 1.10 条规定计取。

2.2 投资决策类服务项目收费费率

编码	服务项目	计算基数	服务收费费率（‰）					
			500 万元以内	500 万~3000 万元	3000 万~1 亿元	1 亿~5 亿元	5 亿~10 亿元	10 亿元以上
A001	项目投资机会研究	投资估算价	1.72	0.96	0.75	0.35	0.28	0.20
A002	投融资策划	投资估算价	2.90	1.50	1.16	0.60	0.45	0.32
A003	项目建议书编制	投资估算价	2.58	1.44	1.14	0.54	0.42	0.31
A004	项目可行性研究	投资估算价	4.62	2.40	1.86	1.18	0.98	0.78
A005	项目申请报告编制	投资估算价	1.50	0.84	0.66	0.31	0.25	0.18
A006	资金申请报告编制	投资估算价	1.29	0.72	0.57	0.27	0.21	0.15

编码	服务项目		计算基数	服务收费费率（‰）					
				500万元以内	500万~3000万元	3000万~1亿元	1亿~5亿元	5亿~10亿元	10亿元以上
A007	PPP项目咨询	PPP项目物有所值评价报告编制	投资估算价	2.92	1.46	0.73	0.44	0.26	0.16
		PPP项目财政承受能力论证报告编制	投资估算价	2.80	1.68	0.70	0.42	0.25	0.15
		PPP项目实施方案编制	投资估算价	4.12	2.06	1.03	0.62	0.37	0.22
		PPP项目绩效评价报告编制	投资估算价	3.24	1.62	0.81	0.48	0.29	0.15
A008	项目建议书评估咨询		投资估算价	1.85	0.45	0.36	0.25	0.15	0.08
A009	项目可行性研究报告评估咨询		投资估算价	2.52	0.96	0.70	0.36	0.22	0.10
A010	项目申请报告评估咨询		投资估算价	1.47	0.56	0.41	0.25	0.15	0.08
A011	项目资金申请报告评估咨询		投资估算价	1.26	0.48	0.35	0.20	0.13	0.07
A012	PPP项目评估咨询	PPP项目物有所值评价评估	投资估算价	1.05	0.88	0.44	0.26	0.15	0.08
		PPP项目财政承受能力论证评估	投资估算价	1.10	0.84	0.42	0.25	0.13	0.07

编码	服务项目		计算基数	服务收费费率（‰）					
				500 万元以内	500 万~3000 万元	3000 万~1 亿元	1 亿~5 亿元	5 亿~10 亿元	10 亿元以上
A012	PPP项目评估咨询	PPP项目实施方案评估	投资估算价	2.25	1.25	0.62	0.37	0.22	0.15
		PPP项目绩效评价报告评估	投资估算价	1.25	0.95	0.49	0.29	0.16	0.08

2.3 技术经济类服务项目收费费率

编码	服务项目	计算基数	服务收费费率（‰）					
			500 万元以内	500 万~3000 万元	3000 万~1 亿元	1 亿~5 亿元	5 亿~10 亿元	10 亿元以上
B1　全过程咨询								
B101	可行性研究后工程总承包咨询（受建设单位委托）	投资估算价	24.00	20.40	18.00	9.60	6.80	4.50
B102	初步设计后工程总承包咨询（受建设单位委托）	设计概算价	21.60	18.36	16.20	8.40	5.50	3.20
B103	施工图设计后施工总承包咨询（受建设单位委托）	招标控制价	19.40	14.50	10.58	6.78	4.25	2.80
B104	可行性研究后工程总承包咨询（受总承包单位委托）	投资估算价	26.40	22.44	19.80	10.56	7.00	5.00
B105	初步设计后工程总承包咨询（受总承包单位委托）	设计概算价	23.76	20.20	17.82	9.50	6.20	4.20

编码	服务项目	计算基数	服务收费费率（‰）					
			500万元以内	500万~3000万元	3000万~1亿元	1亿~5亿元	5亿~10亿元	10亿元以上
B106	施工图设计后施工总承包咨询（受总承包单位委托）	招标控制价	20.80	16.00	11.24	8.10	5.20	3.00
B2 专项咨询								
B201	建筑策划	投资估算价	4.32	3.60	3.36	2.40	1.68	1.20
B202	投资估算编制	投资估算价	1.00	0.60	0.30	0.16	0.11	0.08
B203	投资估算审核	送审投资估算价	1.00	0.60	0.30	0.16	0.11	0.08
B204	总体设计方案经济分析	投资估算价	1.92	1.74	1.44	0.96	0.60	0.36
B205	专项设计方案经济分析	专项工程造价	2.08	1.89	1.56	1.04	0.65	0.40
B206	限额设计经济分析	投资估算价	1.92	1.74	1.44	0.96	0.60	0.36
B207	设计优化经济分析	施工图预算价	1.92	1.74	1.44	0.96	0.60	0.36
B208	设计概算编制	设计概算价	1.71	1.36	1.10	0.87	0.71	0.45
B209	设计概算审核	送审设计概算价	1.71	1.36	1.10	0.87	0.71	0.45
B210	施工图预算编制	施工图预算价	3.90	3.45	2.87	2.37	2.05	1.75
B211	施工图预算审核	送审施工图预算价	3.90	3.45	2.87	2.37	2.05	1.75
B212	招标采购策划及合约规划	不同发包阶段的工程造价	2.04	1.68	1.32	0.84	0.60	0.36
B213	招标（采购）咨询	不同发包阶段的工程造价	2.40	2.04	1.94	1.56	1.08	0.72

编码	服务项目	计算基数	服务收费费率（‰）					
			500万元以内	500万~3000万元	3000万~1亿元	1亿~5亿元	5亿~10亿元	10亿元以上
B214	项目资金使用计划编制	施工合同价	0.65	0.55	0.52	0.42	0.31	0.18
B215	（单独）项目清单编制	最高投标限价（招标控制价）	3.95	3.56	3.17	2.85	2.45	1.90
B216	（单独）项目清单审核	送审最高投标限价（招标控制价）	3.95	3.56	3.17	2.85	2.45	1.90
B217	（单独）最高投标限价（标底）编制	最高投标限价（标底）	3.04	2.78	2.57	2.12	1.93	1.67
B218	（单独）最高投标限价（标底）审核	送审最高投标限价（标底）	2.43	2.24	2.06	1.69	1.55	1.33
B219	投标报价编制	投标报价	3.04	2.78	2.57	2.12	1.93	1.67
B220	施工阶段造价控制	竣工结算价	13.80	12.90	11.12	7.90	5.51	4.20
B221	生产要素价格咨询	条目	35~60元/条目					
B222	工程竣工结算编制	竣工结算价	4.21	4.04	3.70	3.24	2.68	2.42
B223	工程竣工结算审核	送审竣工结算价	4.95	4.75	4.35	3.81	3.15	2.85
B224	合同解除或中止的结算编制	结算价	5.94	5.63	3.36	2.88	2.52	2.22
B225	项目竣工财务决算报告编制	财务决算金额	2.22	1.80	1.56	1.20	0.96	0.60
B226	造价指标咨询	建筑面积平方米	3~5元/平方米					

编码	服务项目	计算基数	服务收费费率（‰）					
			500 万元以内	500 万～3000 万元	3000 万～1 亿元	1 亿～5 亿元	5 亿～10 亿元	10 亿元以上
B227	涉案工程造价咨询	涉案工程造价	18.00	13.20	9.60	6.00	3.60	1.80
B228	BIM 管理咨询	建筑面积平方米或工程造价	13~20 元 / 平方米或工程造价的 0.20%~0.30%（不包括平台搭建）					
B229	设计阶段 BIM 应用实施咨询	建筑面积平方米或工程造价	6.5~13 元 / 平方米或工程造价的 0.10%~0.20%					
B230	施工阶段 BIM 应用实施咨询	建筑面积平方米或工程造价	13~25 元 / 平方米或工程造价的 0.20%~0.40%					
B231	运维阶段 BIM 应用实施咨询	建筑面积平方米或工程造价	6.5~13 元 / 平方米或工程造价的 0.10%~0.20%					
B232	其他 BIM 咨询	建筑面积平方米或工程造价	6.5~13 元 / 平方米或工程造价的 0.10%~0.20%					
B233	运维咨询	根据工程实际情况双方协商确定						
B234	大修技改咨询	根据工程实际情况双方协商确定						

2.4 经济鉴证类服务项目收费费率

编码	服务项目	计算基数	服务收费费率（‰）					
			500 万元以内	500 万～3000 万元	3000 万～1 亿元	1 亿～5 亿元	5 亿～10 亿元	10 亿元以上
C1　政府投资项目评审								
C101	设计概算评审	送审设计概算价	1.71	1.36	1.10	0.87	0.71	0.45
C102	调整概算评审	送审设计概算价	1.80	1.40	1.20	1.00	0.75	0.55

编码	服务项目	计算基数	服务收费费率（‰）					
			500万元以内	500万~3000万元	3000万~1亿元	1亿~5亿元	5亿~10亿元	10亿元以上
C103	施工图预算评审	送审施工图预算价	3.98	3.45	2.87	2.50	2.24	1.88
C104	最高投标限价（标底）评审	送审最高投标限价/送审标底	3.04	2.78	2.57	2.12	1.93	1.67
C105	工程变更评审	送审变更工程造价	7.80	7.18	6.86	5.20	4.55	3.25
C2　政府投资项目审计								
C201	跟踪审计	投资估算价（不包含土地费）	15.00	13.50	11.20	7.95	5.55	4.25
C202	工程竣工结算审计	送审竣工结算价	5.00	4.80	4.40	3.86	3.20	2.90
C203	项目竣工财务决算审计	送审财务决算金额	3.60	1.44	0.72	0.53	0.36	0.24
C3　工程造价鉴定								
C301	工程造价鉴定	鉴定标的额	25.50	16.60	13.00	10.05	6.30	4.80
C302	工程工期鉴定	根据工程工期的长短及鉴定事件的数量协商确定						

2.5　管理服务类服务项目收费费率

编码	服务项目	计算基数	服务收费费率（‰）					
			500万元以内	500万~3000万元	3000万~1亿元	1亿~5亿元	5亿~10亿元	10亿元以上
D1　项目（代建）管理								
D101	项目管理	管理阶段工程造价	30.00	24.00	18.00	12.00	9.60	4.80
D102	项目代建	管理阶段工程造价	54.00	48.00	36.00	24.00	18.00	12.00

续表

编码	服务项目	计算基数	服务收费费率（‰）					
			500 万元以内	500 万～3000 万元	3000 万～1 亿元	1 亿～5 亿元	5 亿～10 亿元	10 亿元以上
D2　管理咨询								
D201	项目风险评估	需评估工程造价	1.22	0.79	0.40	0.26	0.20	0.16
D202	建设单位管理制度咨询	根据工程实际咨询情况双方协商确定						
D203	施工企业经营与管理咨询	根据工程实际咨询情况双方协商确定						
D204	项目信息管理咨询	根据工程实际咨询情况双方协商确定						
D205	项目后评价	财务决算金额	2.76	2.40	2.16	1.44	1.08	0.72

3　人工工日法人工消耗量和人工工日单价参考标准

3.1　说明

（1）人工工日法适用于采用人工消耗量与人工工日单价计算工程造价咨询服务收费。

（2）采用人工工日法计算工程造价咨询服务收费时，各类工程技术人员的人工消耗量乘以对应的人工工日单价汇总之和，再考虑工程实际情况乘以专业调整系数和工程复杂程度调整系数即为咨询服务收费。具体计算公式为：

造价咨询服务收费 = ∑ 第 i 类工程（造价）技术人员的人工消耗量 × 第 i 类工程（造价）技术人员的人工工日单价 × 专业调整系数 × 工程复杂程度调整系数

（3）本标准中 1 工日 =1 名工程（造价）技术人员正常工作 8 小时。

（4）本标准中的人工消耗量是以 1 名一级注册造价工程师为标准，通过调研和测算，得出其完成某项工程造价咨询服务需要消耗的工日数量，用以计算工程造价咨询服务收费总额。可供工程造价咨询人与委托人参考。项目组完成造价咨询服务收费应分摊计算（见示例）。

（5）本标准中的人工消耗量按项目金额大小划分为若干档次，给出各档的人工消耗量区间。具体咨询项目的人工消耗量可以依据服务项目金额选取对应档次，采用双线性内插法计算对应的人工消耗量。人工消耗量分档独立计算，不得累加。

（6）人工工日法应用示例：

某房屋建筑工程的咨询服务项目为编制工程量清单（项目清单编制），招标控制价（最高投标限价）为8000万元，不属于复杂工程。

1）计算工程造价咨询服务收费总额：

咨询服务收费 =67.29（工日数）×0.3985（工日单价）×1×1=26.82（万元）

式中：

①工日数：见本标准"3.3 经济类服务项目人工消耗量"，查 B215 项 3000万元 ~1 亿元档，人工消耗量（工日数）为 28 万 ~83 万元，本例招标控制价为8000万元，采用双线性内插法求得对应的人工消耗量为 67.29（工日数）。

②工日单价：应采用一级注册造价工程师的人工工日单价。见本标准"3.6 人工工日单价参考标准"，取值为 0.3985 万元。

③专业调整系数和工程复杂程度调整系数见本标准"4 工程造价咨询服务收费调整系数参考标准"。

2）计算项目组咨询服务收费：

若某造价咨询人派出 1 名一级注册造价工程师、2 名二级注册造价工程师和 1 名其他工程造价技术人员组成项目组完成本示例咨询工作，咨询服务收费和咨询工日计算如下：

①计算咨询服务收费总额为 26.82 万元（计算方法同 1））

②计算咨询工日：

查本标准"3.6 人工工日单价参考标准"，1 名一级注册造价工程师、2名二级注册造价工程师和 1 名其他工程造价技术人员每工日组合人工单价 =3985+2988×2+2391=12352（元 / 工日）

咨询工日 =26.82÷1.2352=21.71（工日）

③计算项目组咨询服务收费，考虑专业调整系数和工程复杂程度调整系数后，计算如下：

咨询服务收费 =[（1×0.3985+2×0.2988+1×0.2391）×21.71]×1×1=26.82（万元）

即本示例工程由 4 人组成项目组完成咨询服务，咨询服务收费为 26.82

万元，咨询工日为 22 个工作日。

3.2 投资决策类服务项目人工消耗量

编码	服务项目		计费基数	人工消耗量（工日数）					
				500 万元以内	500 万 ~3000 万元	3000 万 ~1 亿元	1 亿 ~5 亿元	5 亿 ~10 亿元	10 亿元以上
A001	项目投资机会研究		投资估算价	3 万元	3 万 ~9 万元	9 万 ~21 万元	21 万 ~56 万元	56 万 ~92 万元	92 万元以上
A002	投融资策划		投资估算价	4 万元	4 万 ~14 万元	14 万 ~33 万元	33 万 ~94 万元	94 万 ~150 万元	150 万元以上
A003	项目建议书编制		投资估算价	4 万元	4 万 ~13 万元	13 万 ~32 万元	32 万 ~86 万元	86 万 ~139 万元	139 万元以上
A004	项目可行性研究		投资估算价	6 万元	6 万 ~21 万元	21 万 ~54 万元	54 万 ~172 万元	172 万 ~295 万元	295 万元以上
A005	项目申请报告编制		投资估算价	2 万元	2 万 ~8 万元	8 万 ~19 万元	19 万 ~50 万元	50 万 ~81 万元	81 万元以上
A006	资金申请报告编制		投资估算价	2 万元	2 万 ~7 万元	7 万 ~16 万元	16 万 ~43 万元	43 万 ~70 万元	70 万元以上
A007	PPP项目咨询	PPP 项目物有所值评价报告编制	投资估算价	4 万元	4 万 ~13 万元	13 万 ~26 万元	26 万 ~70 万元	70 万 ~102 万元	102 万元以上
		PPP 项目财政承受能力论证报告编制	投资估算价	4 万元	4 万 ~15 万元	15 万 ~26 万元	26 万 ~69 万元	69 万 ~100 万元	100 万元以上
		PPP 项目实施方案编制	投资估算价	6 万元	6 万 ~19 万元	19 万 ~36 万元	36 万 ~98 万元	98 万 ~145 万元	145 万元以上
		PPP 项目绩效评价报告编制	投资估算价	5 万元	5 万 ~15 万元	15 万 ~28 万元	28 万 ~77 万元	77 万 ~113 万元	113 万元以上
A008	项目建议书评估咨询		投资估算价	3 万元	3 万 ~6 万元	6 万 ~11 万元	11 万 ~37 万元	37 万 ~55 万元	55 万元以上
A009	项目可行性研究报告评估咨询		投资估算价	3 万元	3 万 ~8 万元	8 万 ~18 万元	18 万 ~54 万元	54 万 ~82 万元	82 万元以上
A010	项目申请报告评估咨询		投资估算价	2 万元	2 万 ~6 万元	6 万 ~13 万元	13 万 ~38 万元	38 万 ~56 万元	56 万元以上

编码	服务项目		计费基数	人工消耗量（工日数）					
				500万元以内	500万~3000万元	3000万~1亿元	1亿~5亿元	5亿~10亿元	10亿元以上
A011	项目资金申请报告评估咨询		投资估算价	2万元	2万~5万元	5万~11万元	11万~31万元	31万~47万元	47万元以上
A012	PPP项目评估咨询	PPP项目物有所值评价评估	投资估算价	2万元	2万~7万元	7万~15万元	15万~41万元	41万~59万元	59万元以上
		PPP项目财政承受能力论证评估	投资估算价	2万元	2万~7万元	7万~14万元	14万~39万元	39万~55万元	55万元以上
		PPP项目实施方案评估	投资估算价	3万元	3万~11万元	11万~22万元	22万~59万元	59万~86万元	86万元以上
		PPP项目绩效评价报告评估	投资估算价	2万元	2万~8万元	8万~16万元	16万~45万元	45万~65万元	65万元以上

3.3 经济类服务项目人工消耗量

编码	服务项目	计费基数	人工消耗量（工日数）					
			500万元以内	500万~3000万元	3000万~1亿元	1亿~5亿元	5亿~10亿元	10亿元以上
B1　全过程咨询								
B101	可行性研究后工程总承包咨询（受建设单位委托）	投资估算价	31万元	31万~159万元	159万~474万元	474万~1438万元	1438万~2291万元	2291万元以上
B102	初步设计后工程总承包咨询（受建设单位委托）	设计概算价	28万元	28万~143万元	143万~427万元	427万~1270万元	1270万~1960万元	1960万元以上
B103	施工图设计后施工总承包咨询（受建设单位委托）	招标控制价	25万元	25万~116万元	116万~301万元	301万~982万元	982万~1515万元	1515万元以上

续表

编码	服务项目	计费基数	人工消耗量（工日数）					
			500万元以内	500万~3000万元	3000万~1亿元	1亿~5亿元	5亿~10亿元	10亿元以上
B104	可行性研究后工程总承包咨询（受总承包单位委托）	投资估算价	34万元	34万~174万元	174万~522万元	522万~1582万元	1582万~2460万元	2460万元以上
B105	初步设计后工程总承包咨询（受总承包单位委托）	设计概算价	30万元	30万~157万元	157万~470万元	470万~1423万元	1423万~2201万元	2201万元以上
B106	施工图设计后施工总承包咨询（受总承包单位委托）	招标控制价	27万元	27万~127万元	127万~324万元	324万~1137万元	1137万~1789万元	1789万元以上
B2　专项咨询								
B201	建筑策划	投资估算价	6万元	6万~29万元	29万~87万元	87万~328万元	328万~539万元	539万元以上
B202	投资估算编制	投资估算价	2万元	2万~6万元	6万~10万元	10万~26万元	26万~40万元	40万元以上
B203	投资估算审核	送审投资估算价	2万元	2万~6万元	6万~10万元	10万~26万元	26万~40万元	40万元以上
B204	总体设计方案经济分析	投资估算价	3万元	3万~14万元	14万~39万元	39万~135万元	135万~210万元	210万元以上
B205	专项设计方案经济分析	专项工程造价	3万元	3万~15万元	15万~42万元	42万~146万元	146万~228万元	228万元以上
B206	限额设计经济分析	投资估算价/设计概算价	3万元	3万~14万元	14万~39万元	39万~135万元	135万~210万元	210万元以上
B207	设计优化经济分析	施工图预算价	3万元	3万~14万元	14万~39万元	39万~135万元	135万~210万元	210万元以上

编码	服务项目	计费基数	人工消耗量（工日数）					
			500 万元以内	500 万~3000 万元	3000 万~1 亿元	1 亿~5 亿元	5 亿~10 亿元	10 亿元以上
B208	项目设计概算编制	设计概算价	3 万元	3 万~11 万元	11 万~30 万元	30 万~117 万元	117 万~206 万元	206 万元以上
B209	项目设计概算审核	送审设计概算价	3 万元	3 万~11 万元	11 万~30 万元	30 万~117 万元	117 万~206 万元	206 万元以上
B210	施工图预算编制	施工图预算价	5 万元	5 万~27 万元	27 万~77 万元	77 万~315 万元	315 万~572 万元	572 万元以上
B211	施工图预算审核	送审施工图预算价	5 万元	5 万~27 万元	27 万~77 万元	77 万~315 万元	315 万~572 万元	572 万元以上
B212	招标采购策划及合约规划	不同发包阶段的工程造价	3 万元	3 万~14 万元	14 万~36 万元	36 万~121 万元	121 万~196 万元	196 万元以上
B213	招标（采购）咨询	不同发包阶段的工程造价	4 万元	4 万~16 万元	16 万~50 万元	50 万~206 万元	206 万~342 万元	342 万元以上
B214	项目资金使用计划编制	施工合同价	1 万元	1 万~5 万元	5 万~13 万元	13 万~56 万元	56 万~94 万元	94 万元以上
B215	（单独）项目清单编制	最高投标限价（招标控制价）	5 万元	5 万~28 万元	28 万~83 万元	83 万~369 万元	369 万~676 万元	676 万元以上
B216	（单独）项目清单审核	送审最高投标限价（招标控制价）	5 万元	5 万~28 万元	28 万~83 万元	83 万~369 万元	369 万~676 万元	676 万元以上
B217	（单独）最高投标限价（标底）编制	最高投标限价（标底）	4 万元	4 万~22 万元	22 万~66 万元	66 万~279 万元	279 万~521 万元	521 万元以上

续表

编码	服务项目	计费基数	人工消耗量（工日数）					
			500万元以内	500万~3000万元	3000万~1亿元	1亿~5亿元	5亿~10亿元	10亿元以上
B218	（单独）最高投标限价（标底）审核	送审最高投标限价（标底）	4万元	4万~18万元	18万~53万元	53万~223万元	223万~417万元	417万元以上
B219	投标报价编制	投标报价	4万元	4万~22万元	22万~66万元	66万~279万元	279万~521万元	521万元以上
B220	施工阶段造价控制	竣工结算价	18万元	18万~99万元	99万~294万元	294万~1087万元	1087万~1778万元	1778万元以上
B221	生产要素价格咨询	条目	35~60元/条目					
B222	工程竣工结算编制	竣工结算价	6万元	6万~31万元	31万~96万元	96万~421万元	421万~757万元	757万元以上
B223	工程竣工结算审核	送审竣工结算价	7万元	7万~37万元	37万~112万元	112万~495万元	495万~890万元	890万元以上
B224	合同解除或中止的结算编制	结算价	8万元	8万~43万元	43万~102万元	102万~391万元	391万~707万元	707万元以上
B225	项目竣工财务决算报告编制	财务决算金额	3万元	3万~15万元	15万~41万元	41万~162万元	162万~282万元	282万元以上
B226	造价指标咨询	建筑面积平方米	3~5元/平方米					
B227	涉案工程造价咨询	涉案工程造价	23万元	23万~106万元	106万~274万元	274万~876万元	876万~1328万元	1328万元以上
B228	BIM管理咨询	建筑面积平方米或工程造价	13~20元/平方米或工程造价的0.20%~0.30%（不包括平台搭建）					
B229	设计阶段BIM应用实施咨询	建筑面积平方米或工程造价	6.5~13元/平方米或工程造价的0.10%~0.20%					

编码	服务项目	计费基数	人工消耗量（工日数）					
			500万元以内	500万~3000万元	3000万~1亿元	1亿~5亿元	5亿~10亿元	10亿元以上
B230	施工阶段BIM应用实施咨询	建筑面积平方米或工程造价	13~25元/平方米或工程造价的0.20%~0.40%					
B231	运维阶段BIM应用实施咨询	建筑面积平方米或工程造价	6.5~13元/平方米或工程造价的0.10%~0.20%					
B232	其他BIM咨询	建筑面积平方米或工程造价	6.5~13元/平方米或工程造价的0.10%~0.20%					
B233	运维咨询		根据工程实际情况双方协商确定					
B234	大修技改咨询		根据工程实际情况双方协商确定					

3.4 经济鉴证类服务项目人工消耗量

编码	服务项目	计费基数	人工消耗量（工日数）					
			500万元以内	500万~3000万元	3000万~1亿元	1亿~5亿元	5亿~10亿元	10亿元以上
C1 政府投资项目评审								
C101	设计概算评审	送审设计概算价	3万元	3万~11万元	11万~30万元	30万~117万元	117万~206万元	206万元以上
C102	调整概算评审	送审设计概算价	3万元	3万~12万元	12万~32万元	32万~132万元	132万~227万元	227万元以上
C103	施工图预算评审	送审施工图预算价	5万元	5万~27万元	27万~77万元	77万~328万元	328万~609万元	609万元以上
C104	最高投标限价（标底）评审	送审最高投标限价/送审标底	4万元	4万~22万元	22万~66万元	66万~279万元	279万~521万元	521万元以上
C105	工程变更评审	送审变更工程造价	10万元	10万~55万元	55万~175万元	175万~697万元	697万~1268万元	1268万元以上

编码	服务项目	计费基数	人工消耗量（工日数）					
			500万元以内	500万~3000万元	3000万~1亿元	1亿~5亿元	5亿~10亿元	10亿元以上
C2　政府投资项目审计								
C201	跟踪审计	投资估算价（不含土地费）	19万元	19万~104万元	104万~300万元	300万~1098万元	1098万~1795万元	1795万元以上
C202	工程竣工结算审计	送审竣工结算价	7万元	7万~37万元	37万~114万元	114万~501万元	501万~903万元	903万元以上
C203	项目竣工财务决算审计	送审财务决算金额	5万元	5万~14万元	14万~26万元	26万~79万元	79万~125万元	125万元以上
C3　工程造价鉴定								
C301	工程造价鉴定	鉴定标的额	32万元	32万~137万元	137万~364万元	364万~1373万元	1373万~2164万元	2164万元以上
C302	工程工期鉴定	根据工程工期的长短及鉴定事件的数量双方协商确定						

3.5　管理服务类服务项目人工消耗量

编码	服务项目	计费基数	人工消耗量（工日数）					
			500万元以内	500万~3000万元	3000万~1亿元	1亿~5亿元	5亿~10亿元	10亿元以上
D1　项目（代建）管理								
D101	项目管理	管理阶段工程造价	38万元	38万~189万元	189万~504万元	504万~1709万元	1709万~2913万元	2913万元以上
D102	项目代建	管理阶段工程造价	68万元	68万~369万元	369万~1001万元	1001万~3410万元	3410万~5669万元	5669万元以上
D2　管理咨询								
D201	项目风险评估	需评估工程造价	2万元	2万~7万元	7万~14万元	14万~40万元	40万~65万元	65万元以上
D202	建设单位管理制度咨询	根据工程实际咨询情况双方协商确定						

续表

编码	服务项目	计费基数	人工消耗量（工日数）					
			500 万元以内	500 万 ~ 3000 万元	3000 万 ~ 1 亿元	1 亿 ~ 5 亿元	5 亿 ~ 10 亿元	10 亿元以上
D203	施工企业经营与管理咨询	根据工程实际咨询情况双方协商确定						
D204	项目信息管理咨询	根据工程实际咨询情况双方协商确定						
D205	项目后评价	财务决算金额	4 万元	4 万 ~ 19 万元	19 万 ~ 56 万元	56 万 ~ 201 万元	201 万 ~ 337 万元	337 万元以上

3.6 人工工日单价参考标准

工程技术人员资格等级	人工工日单价（元 / 工日）	职称调整系数
一级注册造价工程师	3985	正高级工程师：2.0
二级注册造价工程师	2988	高级工程师：1.3
其他工程造价技术人员	2391	其他专业人员：1.0

说明：

①人工工日单价包括参与工程造价咨询业务的造价人员和其他管理人员、服务人员的薪酬，以及工程造价咨询企业经营管理等应获得的除薪酬外的其他所有收入，按工日计算（或分摊）。

②工程造价专业技术人员具有高级职称的，应乘以相应"职称调整系数"。

③具有一级建造师、监理工程师等职业资格者参加工程咨询服务的，按一级注册造价工程师标准执行。

4 工程造价咨询服务收费调整系数参考标准

4.1 专业调整系数

序号	专业	调整系数
1	房屋建筑工程	1.0
2	仿古建筑工程	1.4
3	园林景观、绿化工程	1.1
4	机场场道工程	0.7
5	市政工程（不含桥梁、隧道）	0.8

序号	专业	调整系数
6	桥梁、隧道工程	0.9
7	特大桥梁工程	1.0
8	公路工程（不含桥梁、隧道）	0.8
9	城市轨道交通工程	0.8
10	铁路工程	0.7
11	水利水电工程	0.9
12	电力工程	0.9
13	井巷矿山工程	1.1
14	港口工程	0.8
15	单独发包的装饰装修工程	1.2
16	安装工程	1.3
17	改扩建、修缮、加固工程	1.3
18	其他本表未涵盖工程	1.0

4.2 工程复杂程度调整系数

序号	分类	调整系数	备注
1	新工艺智能建造	1.1~1.2	使用新材料、新设备、新技术的智能化、智慧化技术的项目
2	超大体量公共建筑	1.2~1.3	高度超过24米的公共建筑，如大型的体育馆、影剧院、车站、航空港、展览馆、博物馆、城市综合体等
3	非标设备	1.2~1.3	如红外线干燥室、静电喷漆室、屏蔽暗室等
4	超高层	1.2~1.3	建筑高度超100米的项目
5	其他项目	1.0	上述未涵盖的其他项目